SCIENCE

岩波科学ライブラリー 285

皮膚はすごい

生き物たちの驚くべき進化

傳田光洋

岩波書店

まえがき

日本で皮膚の研究をしている人の、おそらく九九％は皮膚科のお医者さんでしょう。彼らの目的は皮膚の病気を診断し、治療すること。でも、私の勤務先は化粧品会社です。病気を治すのは私の研究の目的ではありません。

皮膚って、そもそもなんなのか。どんなものでできていて、人間にどんなふうに作用しているのか。痒《かゆ》みは、どのようなメカニズムで起きるのか。乾燥やストレスは、なぜ、どのように皮膚に悪影響を及ぼすのか。皮膚の老化って、何が変化するのだろう。人間は歳をとると、どんな変化が皮膚に現れるのだろう。

そんなことを考えるために、私は海外で学び、毎日顕微鏡をのぞき込みながら、皮膚を研究してきました。たとえば皮膚、特に表皮という皮膚表面の細胞、ケラチノサイト（keratino-cyte）と呼ばれていますが、この細胞は培養皿にまいて、ちゃんとした条件、つまり栄養がある培養液、三七度Cの温度などを保ってやると、どんどん増えます。培養皿いっぱいになると、増えなくなるのですが、そこで増殖した細胞を剥がしてばらばらにします。そしてたとえば八枚の新しい培養皿に分けてまくと、また培養皿がいっぱいになるまで増えます。

この細胞ケラチノサイトには、実は感覚があるのです。何かに突かれたり寒くなったり熱くなると、神経のように「興奮」するのです。ケラチノサイトを眺めていると、私たちのからだの表面を覆っている表皮、それを形作っているケラチノサイトの一つ一つに意思や気分があるように思えてきます。

それがきっかけで、私は人間のケラチノサイトの性質をいろいろ調べ始めました。そこで気づいたのは、私たち人間の皮膚、特に表皮が、すごい能力を持っていることでした。外からの刺激を感じたり、感じて興奮したり形を変えたり、さらには全身や脳にも「命令」を発しています。

そんな人間の皮膚のすごい仕組みは、この本の最後で紹介したいと思います。

この本では、まず、さまざまな生き物たちの皮膚について紹介し、彼らが生きる環境に応じて、多様な皮膚機能を持っていることを紹介します。その上で、人間という生き物の皮膚が極めて特異であることを示し、それが今の私たちの命につながっていることを述べます。

目次

1　人間だけじゃない！

皮膚、肌、皮、いろんな呼び方がありますが、地球上に、皮膚のない生き物はいません。ここで「皮膚」と言っているのは、生き物のからだの表面を覆っていて、からだの中と、外の世界とを区別する薄い膜のことです。

赤いトマトの薄い皮、三、四十マイクロメートル（一マイクロメートルは一ミリメートルの一〇〇〇分の一）ぐらいの厚さですが、これも皮膚だと言えます。その皮膚はトマトの中身を腐敗菌や乾燥から守っています。その仕組みは人間の皮膚とは違っていますが、トマトの皮膚はそれなりに、いくつもの優れた仕組みが組み合わされて、中身を守るようになっています(1)。

顕微鏡を使わないと見えないゾウリムシは、たった一つの細胞でしかない単細胞生物ですが、そのからだは、細胞膜と呼ばれる「皮膚」で、外の世界との境界を作っています。ゾウリムシの皮膚、細胞膜はリン脂質と呼ばれる脂の一種でできていますが、いろんなスイッチなどが埋め込まれていて、たとえばゾウリムシにとって危険な熱、低温、酸、アルカリを回避する仕組みになっています。そしてエサを見つける能力まであるのです(2)。

人間の皮膚やトマトの皮の表面は死んだ細胞が重なってできていますが、ゾウリムシの皮膚は生きています。それはゾウリムシが一つの細胞からできている生き物だからです。しかし、人間もトマトもゾウリムシも、からだと外部との境界を作ります。そしてからだの中を外部環境の変化から守り、生き続けるために、その境界は大きな役割を持っているのです。そういう意味での皮膚は、あらゆる生物が持っています。

皮膚を家にたとえるなら

そもそも、皮膚は、生物にとって、何のためにあるのでしょうか。

ウィーン工科大学で建築の歴史を研究する傍ら、生物の構造についても研究している科学者たちが、私たちのからだを家にたとえて、面白いことを書いています(3)。

まず、家の屋根、壁、床などは、雨や雪、風、強い紫外線、害のある埃《ほこり》から、私たちを守ってくれています。泥棒や虫なんかも、屋根、壁、床がきちんとしていれば、私たちをおびやかすことはありません。それと同様に、皮膚の一つ目の役割は、この「防御機能」というもので、からだの外にあるいろんなもの、からだに危害を加えそうなものを防ぐことです。

あらゆる生き物の皮膚は、からだの外の環境、たとえば熱や寒さ、乾燥などの変化が起きても、からだの中の生きるための動きが一定に働くようにすること、あるいはからだにダメージを与える危険なもの、とがったものや、ぶつかってくるもの、病気をもたらす細菌やウイルス、あるいは極端な暑さ、寒さ、乾燥、強すぎる紫外線、危険な化学物質から身体を守っています。そして、たとえば目に見える大きさのたいていの生き物は、いくつもの役割を持った組織が組み合わさった、機能の高い皮膚を持っています。

万一、その皮膚がダメージを受けた場合、皮膚自身が、ダメージを受けた場所や程度に合わせて、そのダメージを修復します。たとえば、皮膚に傷ができて穴が開いたときには、その穴をふさぐため、傷の周囲から細胞が、ぞろぞろ傷を埋めに来ます。そして、最後には元通りの機能を持った皮膚になるのです。

家を守るのには、化学的な手段もあるでしょう。たとえばシロアリを防ぐ薬品とか、あるいは木造の家の場合、木が腐ったり、釘がさびたりするのを防ぐ塗料。私たちの皮膚も、腐敗や酸化を防いだり、からだに危険な菌を殺す物質を作ることができます。人間だけではなくて、いろんな動物、そして私たちが普段食べる植物にも、このような抗菌物質を作る仕組みがあるのです。

さて、家の防御機能を完璧にしたいなら、頑丈な鉄筋コンクリートで、屋根から壁から床まで覆いつくし、どろぼうが壊して入ってきそうな窓や扉も作らなければいい。でも、そんな家に住みたい人はいないでしょう。空気も入ってこないから、たちまち息が苦しくなる。

夏は暑くて風もないし、冬は寒くて仕方ない。だったらエアコンをつければいいじゃないか。そう、それが皮膚の二つ目の役割です。

換気扇は家の中の嫌な匂いを外に出し、新鮮な空気と入れ替えてくれます。夏のエアコンは暑い空気を外に出し、冷たい空気を家の中に入れます。たまには窓を開けて外を見たいときもあるでしょう。

皮膚の二つ目の役割は、家(からだ)の外の世界と、熱をやりとりすること。「交換機能」と呼ぶことにしましょう。たとえば、暑いとき、寒いときは、その変化をすぐに感じてからだの中の温度を一定に調整する機能があります。人間は暑いときには汗を流し、その汗が蒸発するとき、熱が奪われていく。また汗をかいたとき、風に吹かれると、すーっとして気持ちがいい。逆に寒いときは皮膚の中を流れる血の量が増えて、なんとか皮膚が凍らないようにします。

人間のように暑いときに汗をかいてからだを冷やす動物は、他にはウマしかいません。暑いとき、イヌはハッハッと舌を出してからだを冷やすといいますが、ほんとうにそれだけで済むのでしょうか。多くの動物は暑いときは、水を浴びたり、木陰に入ってじっとするぐらいしか、作戦がありません。寒いときには、あとで詳しく述べますが、たとえば冬のスズメのように羽毛を立ててからだから空気が逃げるのを防いでいます。これが本当のダウンジャケットですね。

からだに毛のないトカゲやカメのような爬虫類は、日本のように寒い冬があるときは、じっと冬眠してエネルギーの消耗を防ぎます。冬以外でも寒いときは日向ぼっこしているのをよく見かけます。

恐竜が絶滅したのも、大隕石の落下で世界の空が曇り、寒くなったからだという説があります。暑さ、寒さの対策は生き物の命にかかわるのです。

皮膚の色で心もわかる

こんなふうに、皮膚は世界とからだを区別する境界として、命を維持する大切な役割を担っています。

一方、家の壁である皮膚は、私たちのからだや心の状態を表したりもします。恥ずかしくなったら顔や耳が赤くなったり、体調が悪いときは青くなったり、肌が荒れたり、皮膚の防御機能が落ちるので菌の感染症になったりします。心理状態や体調が表情に出るということは日常的に知られています。それは、心やからだの状態が皮膚に表れているということでもあり、皮膚から、心とからだに働きかけていることもあるのです。

精神的なストレスにより、ダメージを受けた後の皮膚の防御機能の回復が遅れることが知られています[4]。また内臓の病気があるとき、その兆候が皮膚の特定の部分に表れたりもします。また、ストレス以外のホルモンの変化、たとえば女性の周期や更年期のときのホルモンバランスの変化も皮膚に影響を及ぼします[5]。

生き物はみんな袋で包まれている

海の中の生き物は、あたりまえですが乾燥に対する防御機能は要りません。でも多くの陸上で生きている生き物は、からだの中の水が失われることを防ぐための皮膚の仕組みが必要です。なぜなら、生命は最初、海の中で生まれたと考えられています。生きていくために必要なからだの中の仕組みも海の中で生きているうちにできてきました。したがって、その仕組みが働くためにはからだの中は海でなければなりません。だから陸で生きている生き物、たとえば人間でも、そのからだの中の仕組みは海の中ででき人間のからだの六〇〜七〇%は水なのはそのせいです。私たちは海をからだの中に持っているのです。

やけどなどで皮膚の三分の一の機能が失われると死に至るのもそのせいです。からだの中の海が流れ出し、生きていくための仕組みが機能しなくなるからです。

陸上に棲む脊椎動物、カエルやサンショウウオのような両生類、トカゲ、ヘビ、ワニ、カメのような爬虫類、カラス、ハトのような鳥類、ネズミ、イヌ、ネコ、サル、そして人間のような哺乳類の皮膚は、死んだ細胞が重なってできた水を通さない薄い膜を皮膚の表面に持っています。その構造はレンガとモルタルを重ねた壁にたとえられます。最初に紹介したケラチノサイト、これが死んで平たくなった細胞が重なり合うレンガです。その隙間を、水をはじく脂、細胞間脂質と呼ばれていますが、それが死んだ細胞のレンガの間を固めて壁を作るモルタルの役割を果たしています。薄いけど同じ厚さのプラスチックなみに水を通さない層を作ります。これは角層(角質層)と呼ばれています。

これから人間の皮膚、そしていろんな生き物の皮膚、皮と呼ばれることもありますが、人間から微生物まで、「皮膚」がどんなふうにできていて、どういう仕組みを持っているかを眺めていきましょう。海の中、水辺、土の中、砂漠、高い木の上や高山に棲む生き物たちは、それぞれの生きる場所、生きる方法によって、びっくりするような皮膚を備えています。

2　皮膚は最強のバリアだ！

私たちの祖先が最初に二本足で歩き始めたのは、四〇〇万年前だと言われています。そのとき、御先祖さまの全身は、他のサル、あるいは、たいていの陸に棲んでいる哺乳類と同じく、毛で覆われていたと考えられています。ところが、おそらく一二〇万年前、私たちの祖先は、ごく一部を残してほとんどの体毛をなくし、今の私たちのような姿になりました(6)。

脊椎動物と呼ばれる動物、魚類、両生類、爬虫類、鳥類、哺乳類の皮膚を見ると、魚類、爬虫類は鱗、鳥類は羽毛、哺乳類の多くが体毛で、皮膚表面を覆っています。体毛に覆われていないもの同士で比べてみると、私たち人間の皮膚は、ものすごく薄いのです。たとえば、海生のクジラ類は皮下脂肪も入れると数センチメートル以上の厚さがあります。これは特に冷たい海で生活している種の場合、保温のために皮下脂肪層が厚くなるからです。また、ゾウやカバ、サイの皮膚も二、三センチメートルの厚さがあります。

前にも述べましたが、私たちは陸上に住んでいます。これはとても大変なことなのです。陸上で生きるものにとって、絶対に必要な機能は、からだの中の水を失わないことです。

皮膚の起源は？

地球の生命の歴史をさかのぼってみると、最初の生き物は、海の中で生まれたと考えられています。本当かどうか、まだ議論の最中ですが、最近、四二億年前の海底で熱い水が湧き出す場所に生息していたのではないか、と思われる生き物の化石がカナダで発見されました(7)。

確実に認められている最古の生命は細菌のような生物で、酸素を使わず、無機物質をエネルギー源にして生きていたと想像されています。さらに三〇億年ぐらい前になると、そのあるものは、光合成する機能を持つようになりました。そのとき、発生する酸素が海水に溶けていた鉄と反応して水に溶けない酸化鉄になり、それが層状になった化石が世界中で見つかっています。

その後、一〇億年ぐらい前から、いくつもの細胞からからだができている多細胞生物が現れ、その名残ではないかと思われている化石が、世界のあちこちで見つかっています。

有名なのはオーストラリアで発見されたエディアカラ動物群と呼ばれる化石群です。見かけからクラゲのような生き物か、あるいは、陸棲の藻類だったという説もありましたが、最近、その化石にコレステロールなど動物性の物質が含まれていることが発見され、どうやら動物のようです(8)。

そして、さまざまな動物群が五億四〇〇〇万年前、突然現れました。有名な「カンブリア紀の大爆発」と呼ばれる現象です。カナダのバージェス頁岩《けつがん》層という地層でまず発見されたのですが、そのあと、中国や世界各地で同じような動物群が見つかっています。このとき、今生きているさまざまな動物の祖先が、一気に出現したと言われています。特に、エビ、カニ、昆虫など節足動物と呼ばれる動物群が多く現れています。彼らは硬い殻で全身を覆われているので、細かな部分まで化石として残っているのです。

それから何億年もの間、海、あるいは淡水の中で生き物は増え、進化して、いろんな生き物が現れてきました。そしておそらく、四億年ぐらい前から、少しずつ陸の上で暮らす生き物が現れてきたのです。

最初に陸に上がったのは植物ではないかと考えられています。簡単な構造を持った原始的な植物ですが、光合成する仕組みを持っていました。そこで大気に酸素が増えてきて、動物たちが生きていける環境になったのです。

最初の陸棲動物は昆虫、クモ、ダニのような生物だったと想像されています。乾燥に耐える殻でからだを覆われているからでしょう。セミの抜け殻を思い出していただければと思います。そのうち四つ脚を持つ両生類が現れました。四つ脚といっても、脚を使うよりも、べたっと、はいつくばっていたでしょう。今のサンショウウオ、イモリのように水辺で生きていたと想像されます。なぜなら彼らの皮膚は乾燥からからだを守る機能が不十分だったと考えられるからです。

皮膚の中はどうなっている?

人間の皮膚は、筋肉や内臓を包む筋膜という膜の上にあります。いちばん深いところに脂肪(皮下脂肪)があって、皮膚の表面に角層があります。深いところから表面まで見ていきましょう(図1)。

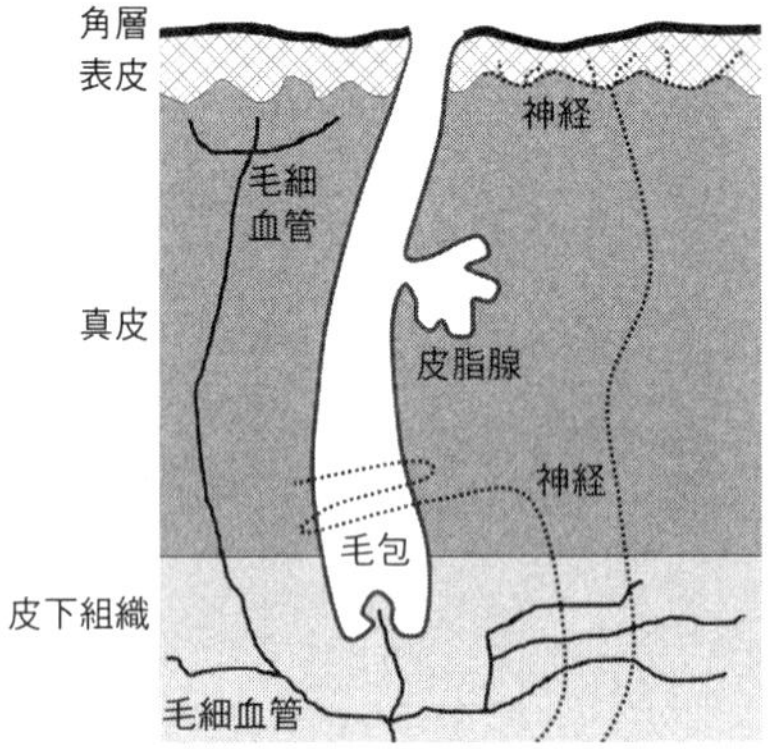

図1　人間の皮膚の構造

まず皮膚の下に皮下組織がたいていあります。その上の皮膚の深い場所、これを真皮といいます。真皮はコラーゲンなど、弾力性がある繊維でできていて、外からの圧力に対するクッションの役割を担っています。真皮の上にあるのが表皮で、その上、表皮の表面を覆っているのが角層です。この皮膚の構造は両生類、爬虫類、鳥類、そして人間を含む哺乳類に共通しています。

細い血管は真皮には入り込んでいますが、表皮には入っていません。一方、無髄神経線維のような神経の細い線維は表皮の中にまで入り込んでいます。これも後で述べますが、人間

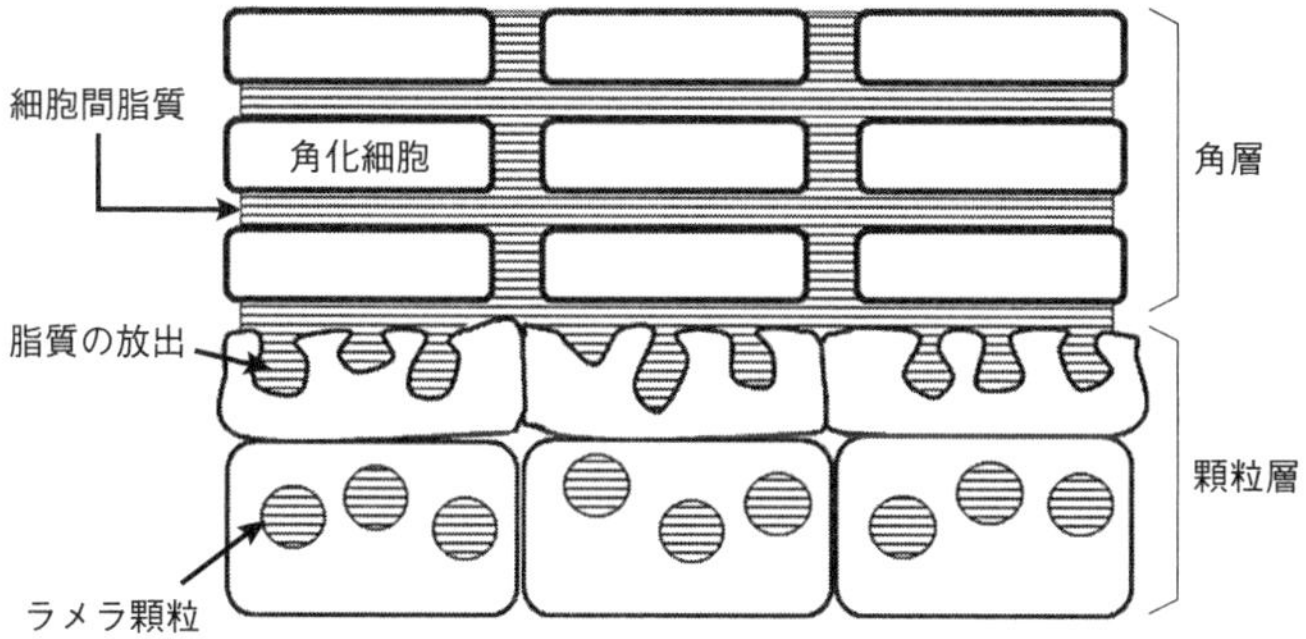

図２　ケラチノサイト細胞の変化

の皮膚の特徴を考える場合、大事なことです。

角層は、表皮が次第に変化して作られます。図２に描いたように、表皮はケラチノサイトが一番深い部分で分裂し、それらが平たくなりながら、どんどん表面に向かいます。表面に近づくと、細胞の中に脂質（あぶら）が入った小さな袋ができてくる、これはラメラ顆粒と呼ばれています。顆粒と呼ばれてきましたが、実は網目のようにつながった構造だということが最近わかってきました(9)。

人間の皮膚の場合、ケラチノサイトは、表皮の深いところから表面に向かって移動し、表面近くで死にます。そのとき、ラメラ顆粒の中の脂質が外に押し出され、死んで平たく硬くなったケラチノサイトの間を埋めます。その結果、まるでレンガをコンクリートで積み上げたような構造ができます。私の恩師のイライアス教授は、これを「Brick & Mortal（レンガとモルタル）」構造と呼び、この緻密な構造があるからこそ、人間の薄い角層が高い

バリア機能を持ち、からだから水が失われるのを防いでいることを示しました。(10)

他の動物たちはどうなのか？

さて、他の体毛のない動物の皮膚の構造は、どうなっているのでしょう。たとえば海中、水中で生活するクジラ、マナティーの角層の構造を見てみると、陸上で生活する人間と違っています。

彼らの表皮でも脂質が合成され、ラメラ顆粒もできますが、脂質は角層細胞内に留まっています。その理由としては、浮力のため、あるいは特に冷たい水環境に棲む生き物たちは凍結防止のために、この脂質が役立っていると考えられています。水中で生活していると、からだからの水分流出防止には、それほど苦労はないでしょう。その分、水中生活者に有効なように、浮くためや寒さを防ぐためにラメラ顆粒の脂質を使っているというわけです。(11)

ちなみに、ケラチノサイトから出る細胞間脂質は、「脂性の顔」「鼻の脂」などと呼ばれる「脂」とは違います。細胞間脂質はケラチノサイトが作る脂質で、鼻の脂は、皮脂腺と呼ばれる小さな器官、鼻のわきなどに小さく見えるつぶつぶから分泌される皮脂です。ニキビの原因にもなります。

人間の皮脂は、他の動物とは、ちょっと変わっています。皮脂の化学的な成分は、ネズミからイヌ、ネコ、チンパンジーまでほとんど同じで、コレステロールが主成分です。でも人間の皮脂には、水をはじくスクワレンという脂質が入っています。このスクワレンは、水をとてもよくはじくのです。

私たちの角層の厚さは場所によってずいぶん違います。分厚いのは手のひら、指紋のあたり。それから足の裏、かかとです。こういう部分の表面では細胞間脂質が少なく、皮脂もないので、水がしみこみます。だから、長い時間、風呂に入っていたりすると、こういう場所の角層はふやけるのです。

皮脂にスクワレンが含まれているのは、カワウソ、ビーバー、モグラなどです。水の中、土の中で生きるためには水をはじく皮膚が必要なのでしょう。陸上で生きる多くの哺乳類は体毛で覆われているのでスクワレンはいりません。でも人間の皮膚には、ほとんど体毛がないので、皮膚表面に水をはじくスクワレンが必要なのだと想像できます[12]。

ゴリラやチンパンジーたちは

人間に近い動物と言えば、類人猿という表現でもわかるように、ゴリラ、チンパンジー、ボノボなどがいます。でも皮膚については人間の皮膚と異なっています。まず彼らは全身を体毛で覆われています。皮脂の成分はコレステロールです。そして、もう一つ、体毛で覆われた部分の皮膚は真っ白なのです。

彼らと同じアフリカに昔から住んでいた人たちの肌は黒いです。これには理由があって、強い太陽光、紫外線は肌に悪い影響を及ぼします。だからサングラスのように紫外線防御のための仕組み、メラニンという黒い色素が表皮の下のメラノサイトという細胞で作られているのです。

人類が体毛を失ったのは一二〇万年前だと考えられていますが、これはメラニンを合成する遺伝子を調べてわかったことからの推測です。正確にはメラニンを作るシステムができたのが一二〇万年前だということです。人類の祖先はアフリカに現れ、その後も長くアフリカで進化を遂げてきました。アフリカの太陽の下で体毛なしで生きていくためにはメラニンがある黒い皮膚じゃないといけません。実際、現代、アフリカで先天的に肌の色が薄い人は皮膚がんにかかりやすいという報告もあります(13)。

体毛をなくした私たちの先祖の一部は、やがてアフリカを出て、中東やアジア、ヨーロッパへ移っていきました。北ヨーロッパのように紫外線が少ない場所では、別の問題が発生します。紫外線も少しは必要なのです。紫外線が表皮にもたらされるとビタミンDと呼ばれる骨を作るのに必要な物質が作られます。だから紫外線量が低い地域ではメラニンが多い皮膚、黒い皮膚だと、ビタミンDが不足して骨の異常が起きます。そういう地域で進化した人たち、たとえば北欧の人たちの肌が真っ白、というより透き通るような白というのはうなずけます。そうやって少ない紫外線を多く取り入れるようになっているのです[14]。

◆ハダカデバネズミ

陸に棲む哺乳類はほとんど体毛に覆われていますが、人間以外の例外として、ハダカデバネズミという動物がいます。彼らは土の中で集団生活をしています。私の友達でいろんな動物の皮膚を研究しているメノン博士は「前歯が生えたソーセージ」と呼んでいます。たしかにそんな感じです。

ハダカデバネズミの皮膚の角層は分厚いのですが、メノン博士によればバリア機能は低いそうです。湿った土の中で集団生活をしているので、皮膚が乾燥することがないからでしょう。顕微鏡で体毛に覆われた近種のネズミの皮膚と比較してみると、ハダカデバネズミの表皮は半分ぐらい（一〇マイクロメートル）の厚さしかありません。さらに哺乳類や鳥類のような恒温動物では色素細胞が表皮にあるのに、ハダカデバネズミは爬虫類や両生類な

どの変温動物のように、色素細胞が真皮にあります。見かけだけじゃなく、皮膚の微細な構造も風変わりな動物です。(15)

皮膚でも呼吸できる両生類

かつて、生命が海で生まれて四億年たった頃、最初に陸上生活を始めた脊椎動物は、両生類です。まず、両生類も、毛も羽も鱗もない、薄い角層で生きています。人間の角層に比べてとても薄いです。ただし両生類の皮膚の構造は、人間の皮膚と近いと言えます。

両生類は、おおまかに分けて三種類います。サンショウウオやイモリのような長い尻尾を持つ有尾類、脚をなくした無足類、そして尻尾を持たない無尾類、これはカエルのことです。最も古い両生類の化石は三億七〇〇〇万年前のもので、サンショウウオのようなかたちでした。ところが三億九〇〇〇万年前のポーランドの地層から四足動物の足跡が見つかったので、それ以前に未知の両生類がいたのでしょう。(16)

「両生類」という名前は、水中と陸上の両方で生活することから、そう呼ばれています。両生類の皮膚を見てみると、他の陸上生活をする脊椎動物に比べて、身体からの水分蒸散を防ぐ角層が一、二層しかなく薄いです（人間だと瞼のように角層が薄い場所でも八層ある）。そのため粘液で表面を覆っているものが多くいます。

卵から孵化すると、ほとんどの両生類がオタマジャクシのような格好で水の中で暮らします。大人になっても有尾類は水辺で、無足類は地中で生活します。無足類に脚がないのは地中生活に適しているからでしょう。見かけがミミズそっくりです。

両生類は肺を持っていますが、皮膚でも呼吸しています。ここで呼吸というのは水中、あるいは空気中から、からだに必要な酸素を取り込み、一方でいらない二酸化炭素を放出することです。人間も皮膚呼吸していると思う人もいるかもしれません。しかし、呼吸が二酸化炭素と酸素の交換という作業だとすると、人間は皮膚呼吸していません。角層が厚すぎるからです。俗に人間の皮膚呼吸というのは、汗をかいたりして体温調節することを意味しています。一方で、両生類は角層が薄いので、皮膚呼吸が可能なのでしょう。

人間にいちばん似ているのはカエルの皮膚？

両生類のうち、カエルはさまざまな環境で生きています。日本のカエルを見ると、たいてい水の近くに棲んでいるようです。モリアオガエルは池の上の樹の枝に卵を産みますが、オタマジャクシになると、池に落ちて水中生活をします。ほとんどのオタマジャクシは水の中で生活するので、少なくとも日本のカエルは近所に水がある環境で生きています。

私は、さまざまな生物の皮膚のなかで、人間の皮膚にいちばん似ているのはカエルの皮膚だと考えています。薄い角層が、鱗も羽毛も毛もなく、むき出しになっています。その姿で陸上生活をしなくてはなりません。

カエルの皮膚は弱いと考えられます。だからツボカビという菌に侵されて、世界中でカエルは絶滅の危機に瀕しています。

人間の皮膚、角層は、その薄さを補うため、高いバリア機能、つまり死んだ細胞のレンガを細胞間脂質というコンクリートで積み上げた構造と、それに加えて水をはじく皮脂も分泌して、防御を維持し、ダメージを受けてもすぐに回復する能力を持っています。このへんがカエルと違うところです。こういう皮膚を持っていないカエルは、はたしてどうしているのでしょう。

カエルは、両生類の中で唯一、南極大陸を除くすべての大陸に広く生息しています。高い樹の上で生活するもの、砂漠で生活するもの、酸素が薄い高山の上で生活するものなどもいます。特異な環境で生活しているカエルたちは、以下に見るように巧みで、涙ぐましい工夫をしているのです。

カエルの入念なスキンケア

南米には、水辺から離れて、高い樹の上で生活するソバージュネコメガエルというカエルがいます。オタマジャクシのときは水の中で生活しますが、大人になると、つまりカエルの姿になるとずっと樹の上で生活するのです。

雨が降っているときはいいですが、太陽が照りつけるとき、樹の上のカエルは乾燥にどう対処しているのでしょうか。

驚いたことに彼らの皮膚から蒸発する水分の量は、他のカエルと比較すると二〇分の一ぐらいです。その秘密は、カエルのくせに皮脂腺、人間だと前に話した「鼻の脂」ですが、これを分泌する仕掛けを持っていて、その主成分は水をはじきやすいワックスエステルという脂質です。皮脂腺は哺乳類に特有のものです。毛が生えている根元にあります。体毛に覆われた哺乳類では、その毛に脂質を付着させて水をはじくようにするのでしょう。だから体毛がない動物には皮脂腺がないと言ってもいいのですが、そのカエルは例外です。

その皮脂腺は背中だけにあるので、彼らはせっせと全身にその皮脂を塗りたくります。樹の枝の上で、背中からお尻にかけては後ろ脚を器用に動かして塗り、顔から胸にかけては前脚で、実に丁寧にスキンケアします。こうすることで、薄い角層しか持っていない彼らも、樹の上という水のない環境で、からだの中の水が失われるのを防ぐことができます。彼らにとっては命がけのスキンケアなのです。(17)

人間の角層そっくりの繭を作るカエル

アルゼンチンの半乾燥地域に棲むカエルで、カイコのような繭《まゆ》を作るカエルがいます。タピオカガエルという種類の中のカエル(学名 Lepidobatrachus llanensis)です。彼らが棲んでいる場所には、雨が多い雨季と雨が降らない乾季とがあります。雨季のときは水たまりや小川があるのでからだが乾くことはないのですが、大変なのは冬の乾季。水たまりも小川も干上がってしまいます。

その期間、彼らはケラチンというタンパク質でできた薄膜が数十層重なった繭をからだの周りに作ります。ケラチンは私たちの角層や髪の毛、爪などの素材でもあります。その繭のバリア機能はとても優れていて、カエルの皮膚からの水分蒸発量の約一〇分の一しか蒸発させません。そうやって彼らは乾いた冬を生き抜いているのです。

私は、この繭が、人間の皮膚の角層の先祖に思えるのです。電子顕微鏡で見ると、薄い死んだ細胞が重なり合っていて、その構造がそっくりです。

これは私の想像ですが、このカエルは人間の角層のような繭を作る仕組みを皮膚に持って

いて、その皮膚が厚い繭を作る仕組みが人間の皮膚で活躍しているのではないかと考えています。(18)

◆魚の皮膚

水中に棲んでいる魚には、水分の蒸発を防ぐ角層はいりません。たいていの魚は表皮の上に鱗が並んでいます。ケラチノサイトに相当する細胞からできた表皮、その下にコラーゲンなどからできた真皮があるのは人間などといっしょです。表皮の上に角層ではなく鱗があるのが違うところです。

この鱗で覆われた魚の皮膚にも、からだを防御するため、あるいは水の流れを感じるなど、生きるためのさまざまな仕掛けがあります。魚の表面はたいていヌルヌルしています。ウナギやドジョウでは特に顕著ですね。これはレクチンなどの抗菌物質を含む粘液で、表皮の細胞で合成され、放出されます。からだを有害な細菌から防ぐ役割を果たしています。(19)

また、魚の頭からしっぽまで、体の両側、皮膚表面に側線という感覚器官が並んでいます。ここに感丘という感覚器が並んでいて、水流や水圧を感知します。これによって魚は川や海の流れや、自分が泳いでいる速さを感じることができるのです。(20)

3 皮膚は生まれ変わる？

人間の角層は、常に新しくなり、古いものは垢として剥がれ落ちます。たいていの動物の角層は、やはり少しずつ新しくなって、少しずつ古いものが落ちていきます。だから普段、私たちは角層がいつも新しくなっていることに気がつきません。

ところが動物によっては皮膚が新しくなるときがはっきり見えることがあります。よく見かけるのが昆虫やエビ、カニなど節足動物と呼ばれている動物の場合。夏になると木の枝にセミの抜け殻がくっついているのをよく見かけます。セミだけじゃなく、チョウのさなぎが成虫になるときも殻が残ります。注意して自然を眺めていると、いろんな昆虫やクモの抜け殻を見つけることができます。

脱皮する動物たち

エビやカニも大きくなるにつれ、殻を脱ぎます。

節足動物は硬い殻で全身を覆っています。だから成長して大きくなると、その殻がじゃまになります。そこで一気に足先から目玉まで覆っていた殻を脱ぎます。これが脱皮です。揚げ物料理に使うソフトシェルクラブというカニは、脱皮して間がなく殻が軟らかいカニです。私が小学生の頃、近所の小川にアメリカザリガニがいましたが、捕まえてみると、たまに軟らかい奴がいました。それも脱皮直後のザリガニだったのでしょう。

節足動物と違って、背骨を中心に骨でからだを支えている脊椎動物、魚類、両生類、爬虫類、鳥類、そして哺乳類の場合、古くなった皮膚表面の細胞が少しずつ剝がれるので、脱皮は見られません。唯一の例外がヘビです。

私は田舎育ちだったので、よく近所の林で「ヘビの抜け殻」を拾いました。ずいぶん前、ハワイのマウイ島に行ったとき、現地の新聞のトップ記事に「三メートルのヘビの抜け殻発見！」という記事が載っていました。のんびりしたよい島でした。

ヘビの皮、その表層は多層構造になっています。生まれたてのヘビにも両生類から哺乳類にまで見られる角層のような構造の上にメソ層(mesos)という層があり、その上にコンパクトにまとまった硬いベータ(β)層があります。鱗はβ層で覆われています。脱皮のときには古い角層の下に新しい角層ができ上がっている状態なので、頭のほうから靴下を脱ぐような具合に全身の角層がつながった形で脱皮できるのです[21](図3)。

他の爬虫類、特に厚い皮膚、甲羅を持つワニやカメは少しずつ古い角層が剝がれていくの

図3　エジプトリクガメの皮膚(野毛山動物園提供)

で、脱皮しているのには気づきません。彼らの「皮膚」は、特にカメを見るとわかるように硬い「甲羅」で全身を防御しています。あの甲羅は、肋骨が変化してできた骨の上に薄く皮膚が乗ってできています。多くのカメの甲羅の表面には六角形に近い模様があります。それをよく見ると樹の切り株に見られる年輪のような同心円状の模様が見えます。それは年輪と同じ、成長の跡です。六角形の縁がだんだん大きくなり、その一方で六角形の真ん中の皮膚、角層が古くなって少しずつ剝がれ落ちていきます[22]。

ワニの皮膚も深い部分に骨があります。ワニ革の独特の模様もカメの甲羅の模様と同じ仕組みです。でこぼこの「山」の部分から少しずつ角層が剝がれています。

私は小さい頃カメも飼っていました。そしてセミやザリガニの脱皮もよく見ていました。カメが脱皮したら、ころんと甲羅だけが残るのかなと想像していましたが、何年経ってもそんな光景には出会えませんでした。あたりまえですね。

外骨格

昆虫やエビ、カニのように、全身をキチン質という高分子とタンパク質が重なり合った硬い殻で覆った節足動物、トゲや硬い小さな板で全身を覆ったウニやヒトデのような棘皮《きょくひ》動物。彼らは防御を最優先して進化した生き物なのでしょう。それゆえ、体温調節のための交換機能を持たない「皮膚」を持つ生き物だと言えます。

特にカニ、ロブスターなどのキチン質の殻には、貝殻、サンゴ、大理石の成分である炭酸カルシウムが組み込まれていて、すごい強度を持っています。カニやロブスターの爪の硬さを思い出してください。私たちや、他の脊椎動物の「骨」は内骨格と呼ばれるリン酸カルシウムを多く含んだものです。硬く柔軟性もあり、私たちのからだをささえています。一方で節足動物の「殻」は外骨格と呼ばれます。硬くて丈夫なのは当然です。

前に述べましたが「カンブリア紀の大爆発」で節足動物の祖先が生まれたようです。彼らの化石が五億年の時を超えて残っているのも理解できます。

また、その子孫、たとえば昆虫は、動物の中でも一番種類が多く、生息数も多いと考えられています。これも「外骨格」で全身を覆うという生き方が、生存競争を勝ち抜く優れた戦略だったためと言えます。だから全身の皮膚の交換機能を捨てても十分意味があったのでしょう。

体温調節できない皮膚

節足動物は、皮膚感覚を捨てた代わりに、外の情報を得るために五億年以上前から、今の昆虫のような複眼を持っていますし、あるいは皮膚の「触覚」の代わりに「触角」を持っていて、それで外の情報を得ています。特にトンボやハエやバッタのような複眼は、頭を動かさなくても、ほぼ三六〇度、周囲を見渡せる傑作です。四億年前に現れた昆虫は、その数や種類が他の動物よりずっと多いのも、それなりにうまい進化の賜といえるでしょう。

でも彼らは体温の調節ができません。だから日本のように四季がある場所の昆虫は、冬は動かずにいられるさなぎになったり、卵でいたり、温かい場所にもぐりこんだりして、なんとか生き延びています。

もともと南の地域の昆虫だったゴキブリや、ゴキブリをエサにするアシダカグモという大きなクモは、私たちの家の中に忍び込んで嫌われています。ゴキブリはカブトガニやシーラカンスと同じぐらい大昔（三億年ぐらい前）から、いまの姿だったらしいので、「生きている化石」と呼んで大事にしてもらえる権利があると思うのですが。

しかし、四億年の時を超えて、形もそんなに変えず、脳のサイズもそのままで繁栄を続ける昆虫の戦略、これにも、特にロボットの研究のような工学的な研究では、学ぶところが大いにありそうです。

◆皮膚とエナメル質

歯医者さんなどで、エナメル質という言葉を聞いたことがありませんか。これは歯の表面を覆っている硬い物質のことで、普通のナイフでも傷がつかない、生き物が作る最も硬い物質です。このエナメル質が傷つくと、すぐ虫歯になってしまいます。

エナメル質は、私たち人間などの哺乳類のほか、爬虫類、両生類の歯を覆っていて、歯の防御機能を担っています。

このエナメル質は、いつ生まれたのかというと、古生代魚類の化石の研究や分子生物学の研究から、元は古代の魚の鱗が起源であることがわかってきました。

現生の魚で、「古代魚」と呼ばれるガーという口先の尖った魚が北米から中米に生息しています。この魚の鱗はエナメル質です。あるいはキャビアを産んでくれるチョウザメの鱗にもエナメル質があり、そのため、とても硬いです。この特異な鱗はガノイン鱗と呼ばれています。シーラカンスの鱗にもエナメル質に似た物質が含まれています。

古生代シルル紀からデボン紀（四億四〇〇〇万年前～三億六〇〇〇万年前）の魚類の化石を調べると、エナメル質は、まず皮膚を覆っている鱗に存在し、歯にはありませんでした。その頃の魚は、まるでよろいを着ているようで、実際、甲冑魚と呼ばれています。よろいでからだを守っていたら、防御機能は万全で、その頃の海では最強だったでしょう。実際、ダンクルオステウスという名の魚は一〇メートルにもなったそうです。一方、よろい、かぶとを着て海の中を泳ぐのは、獲物を追いかけるのにも逃げるのにも大変そうです。特に大きな甲冑魚は、大きなからだを維持するために、たくさん食べなければなりません。逃げるほうは、戦国時代の足軽のようによろい、かぶとなんかは捨てたほうが身軽でいいでしょう。

おそらく、そのためでしょう。エナメル質を持つ鱗の魚は、次第に姿を消しました。現生のタイ、ヒラメ、マグロにも、エナメル質を含むガノイン鱗はありません。

その後、エナメル質は、魚類の頭部を、やがて歯の表面を覆うようになりました。四つ脚の動物になってからは、歯の表面にだけ、エナメル質が存在するようになったのです。

エナメル質鱗を持つ現生のガーは、どこでエナメル質を作っているのでしょうか。エナメル質を作る遺伝子が身体のどこにあるかを調べたところ、皮膚にしか、この遺伝子が存在しないことが確認されました。ちなみに、ガーの歯にはエナメル質はありません。

私たちの歯のエナメル質は、四億年ほど昔に魚の皮膚から生まれ、それが進化に伴い、歯だけに存在するようになったらしいです。四億年かけて、皮膚から歯になった、もっと正確に言うと、歯の表面を守るエナメル質になったということです[23]。

4 植物だって「皮膚」でできている

植物が、たいていの動物と異なるところは、自分で移動できないことです。たいていの動物は、捕食者が現れたら逃げることができるし、獲物を追うこともできます。さらに乾燥や高温など、自らの生命にかかわる環境変化が起きても、動ける動物はよりましな場所へ移動できますが、植物の場合、それができません。

そのため、植物の、特にその表面を構築する「皮膚」というべき部分には、危害を及ぼすものから自身を防御するシステム、あるいは生息する環境に応じて、必要な水や太陽の光を獲得する、巧みなシステムがあります。

植物の皮膚、果物や野菜だと皮、樹木では樹皮と呼ばれる部分について、見てみましょう。

植物の皮も、動物の角層といっしょで、死んで硬くなった細胞でできています。植物にもさまざまな種類があるので、ここでは陸上で茎や葉を持つ植物について説明しましょう。

植物のからだも表皮で覆われています。そしてその表皮はクチクラ層と呼ばれる水をはじく蠟《ろう》のような物質（クチン、クタン）で守られています。これは人間の角層に相当しますね。

ところどころに呼吸を行う気孔があります。

樹木の皮膚は厚い！

私たちが「樹皮」と呼んでいるもの、これもでき方や役割が、私たちの皮膚の角層に似ています。周皮と呼ばれる生きた細胞の層が、死んで乾燥したのが樹皮です。樹皮は、陸上動物の表皮、角層が、生きる環境によってさまざまだったように、樹木の種類、環境によって、形や厚さ、でき方もいろいろです。

どういうところに樹皮の厚い木が育つのか、世界的な分布を調べたところ、山火事の頻度が高い地域で、樹皮が厚いことがわかりました。特に、山火事の頻度が高く、かつ樹高の高い樹木の樹皮ほど厚い傾向があります。たとえばアメリカ西海岸のような乾季が長い地域に生えている高い樹木、セコイアは三〇センチメートルもの分厚い樹皮を持っています。これは頻発する山火事の中で生き残ってきたからだと考えられています。同じく高い樹木でも、熱帯雨林の樹木は総じて薄いのです。

植物の「皮膚」「角層」も、その植物が生きている環境に適したようにできています。(24)

樹皮の模様と人間のしわ

森や林の中で、樹木を区別するとき、葉の形、枝ぶりで区別することが多いですが、樹の表面のパターンも樹皮ができる速さ、樹皮の厚さ、木の幹の成長パターン、たとえば、まず太くなって伸びる樹と、まず高く伸びてから幹の太さが大きくなるもの、で違っています。マツの木の樹皮は、厚く楕円形に割れています（図4）。クスノキの樹皮は、そのパターンが小さめです。スギの樹皮は縦に割れていて、それが薄く剝がれ気味なのがヒノキ。ケヤキは、あちこちから薄い樹皮が剝がれています。シラカバは白い樹皮の上に横方向の裂け目が見えます。つるつるなのがサルスベリ。さて、それらの違いはどうしてできるのでしょうか。

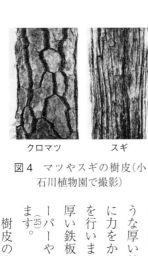

次のような実験が行われました。分厚い板と薄い板、たとえば段ボールとティッシュペーパー（板とはいえないけど）、あるいは自動車のボンネットのような厚い鉄板とアルミホイル、そういうものに周囲から均等に力をかけたらどうなるか、コンピュータシミュレーションを行いました。結果は容易に想像がつきますが、段ボールや厚い鉄板に力をかければ、大きく曲がります。ティッシュペーパーやアルミホイルをギュッと握れば、細かいしわになります[25]。

図4　マツやスギの樹皮（小石川植物園で撮影）

樹皮の表面のパターンの大きさも、まず樹皮の厚さで決ま

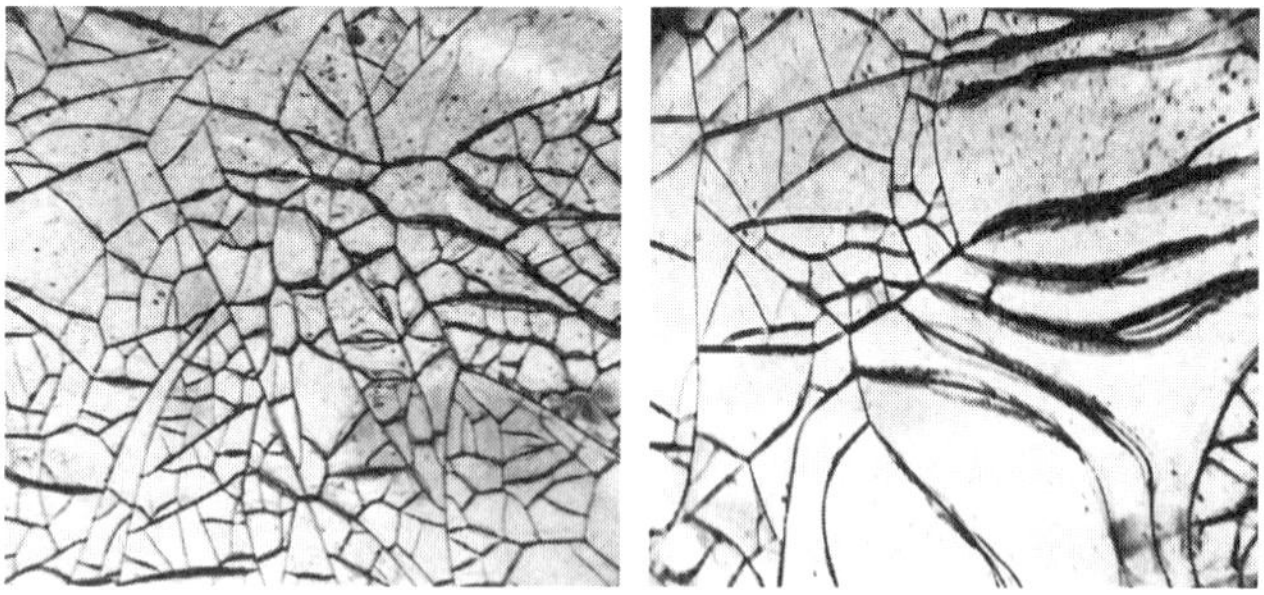

図5　しわ模様のでき方.（左）薄いゼラチン膜.（右）厚いゼラチン膜

ります。マツの樹皮は厚いから、大きく割れます。クスノキは薄いので、割れ目は細かいです。そしてパターンの形は、木の幹の成長の方向でも決まります。高く伸びる木であれば、縦長のパターンになります。スギなどがそうです。逆に、幹が太くなるのが速い木の場合、割れ目が横長になります。マツの木はスギほど高く伸びる樹ではないので、丸い形のパターンになります[26]。

この理屈は、人間の肌のしわにも当てはまります。歳をとると角層の層数が増え、乾燥するので硬くなります。だからしわも大きくなります。もちろん、顔のしわは、筋肉や真皮の性質によっても生じますが、角層の厚さの影響は大きいようです。

ちょっと実験してみたので見てください（図5）。ゼラチンを水に溶かして、同じ大きさのプラスチック容器に、深さ二ミリメートル（左）、深さ五ミリメートル（右）流しこみ、それを乾燥器に入れて水を蒸発させてみました。

すると薄いゼラチン膜には細かいヒビ割れができ、厚いゼラチン膜には大きなヒビができました。ここでも同じ面積でも分厚いほうが、ヒビやしわができるとき、大きくなることがわかります。

◆植物と似ているホヤの皮膚

植物の茎や枝、木の幹を支える構造、さらに植物の細胞、その構造を支えるのがセルロースという物質です。化学的に言えばブドウ糖分子が長くつながったものですが、水にも溶けず、それが束になったのが、草の茎や木の幹の繊維ですが、縦に裂けても、引っ張ってもなかなかちぎれません。身の回りのものだと、綿もセルロース、だから木綿の布もセルロース、和紙もセルロースでできています。軽いけれど丈夫な素材です。セルロース繊維の丈夫さを利用していると言えます。

からだを守る表皮が、このセルロースでできている動物がいます。海に棲むホヤという生き物です。実は私は苦手なのですが、好きな人は「海のパイナップル」と呼んで、日本酒のおつまみに最適だと言います。

ホヤのからだは「被のう」と呼ばれる強い膜で覆われています。それを構築しているのがセルロースなのです。ホヤは見かけによらず、脊椎動物の先祖とされる動物です。ホヤの卵が孵化すると、オタマジャクシのような幼生が泳ぎだします。やがて岩にくっつくと、よく知られているような形になります。海水を取り込む入口、放出する出口があって、プランクトンなどをエサにしています。なぜ、ホヤは、植物しか作らないと考えられてきたセルロースを、表皮で作るようになったのでしょうか。それは進化の過程で放線菌という、セルロースを作る細菌の遺伝子を取り込んだかららしいです。これは「遺伝子の水平伝搬」と呼ばれています。ホヤの先祖はセルロースを作れませんが、セルロースを作る遺伝子を持つ微生物をおそらく捕獲、吸収する過程で、セルロースを作るための遺伝子を、もともとあった自分のからだを作るための遺伝子に組み込んだと考えられます。こうして獲得したホヤのセルロース、からだを守るためだけではなく、岩にしっかりくっついているためにも役に立っているようです。[27]

図６　皮膚呼吸するチランジア

皮膚呼吸する植物チランジア

アメリカ南部から中米にかけて生息するチランジアという植物がいます。これは私が好きな植物で、家のリビングルームの窓際で「飼って」います。エアープランツという名前で、あちこちで売られているのを目にします（図６）。

彼らの特徴は根がないこと。野生のチランジアが至るところにいるコスタリカに行ったことがあります。そこでは空中の電線にくっついている大きな株を見ました。植物は普通、根から養分や水を取り込みます。でもチランジアには根がありません。根のようなものがあるけど、それは養分吸収のためではなく、どこか生きやすい場所にとどまるためです。生きていくために必要な水は空気中からとる。だからエアープランツという呼び名になったのでしょう。

日本でエアープランツことチランジアを売っている店では「大気中から水分を得るので、時々、霧吹きで水を与えるように」という注意書きがあります。でも私の経験では、それではしばらくしてエアープランツのミイラができます。

野生種がいっぱいいるコスタリカに行って気がつきましたが、彼ら彼女らの故郷は雨が多い熱帯で、山がちで涼しいコスタリカでは、毎朝、露がおり、あたりがびしょびしょになります。電線の上のチランジアも朝露にびっしょり濡れていました。

だから、彼らを日本で栽培するときには、霧吹きなどという、繊細な方法ではなく、一週間に一度、バケツに水を張り、その中にしばらく、じゃぶんと沈めます。その一方で彼らは蒸し暑さには弱いです。そのため電線の上に腰を据えたりします。だから、夏場、長期間家を留守にするときは、外の風通しがよい場所に移します。成長速度が遅いと言われるチランジアですが、私の家ではどんどん株が増えて花を咲かせています。赤紫色の、なかなか豪華な花を咲かせます。

大気中の水分が多く、かつ朝晩、霧に包まれる環境ゆえに、チランジアは水分を、いわば彼らの皮膚から取り込む生き方になったのでしょう。

ほとんどの植物が空気中の二酸化炭素を取り込んで光合成を行い、必要な栄養を合成します。でも二酸化炭素を取り込むための表面の皮にある気孔という穴、これを開けると、水を失うことになってしまいます。そのためチランジアの「皮膚」は巧みな仕掛けを持っています。空気が乾燥すると気孔を閉じて水分の拡散を抑えます。湿度が高いときには気孔を開きます。こうして根がないチランジアは身体の中の水を保っているのです。(28)

◆地衣類たちの「皮膚」

「地衣類」、この名前を知っている方は、かなりの生物好きだと思いますが、呼び方を知らなくても、たいていの人は見たことがあるでしょう。古い樹の幹や、石の上に広がっていたりする生き物です。

苔の一種に見えますが、そうではありません。この地味な生き物はかなり変わっています。「生き物」と書いたのには理由があって、地衣類は植物の一種でもなければ、キノコのような菌類の一種でもありません。藍藻という光合成を行う原始的な細菌や、緑藻という藻、それとキノコのような菌類、藻と菌の二つの生き物から形作られた不思議な生き物なのです。

図７　地衣類の「皮膚」

樹や石にくっつく、かなり丈夫な「からだ」を作るのが菌類。その中で藍藻や緑藻は守られながら光合成で栄養分を作って菌類にもたらします。二種の生き物が「防御機能」と「交換機能＝光合成機能」をそれぞれ受け持っているのです。

地衣類は、大気汚染には弱いので、都会で地衣類を見かけることは、あまりありませんが、森や高い山などでは、岩や木の幹に生えているというか、くっついている地衣類をよく見かけます。

地衣類の断面を顕微鏡写真で見ると、表面に硬い細胞の層があり、その下に色素細胞があります。人間の表皮でも、表面に硬い角層があり、表皮があって、その下にメラノサイトという色素細胞があります。だから、私には、人間の表皮そっくりに見えます（図７）。

原始的な藻と菌類との複合体生物も、動物の進化の中で新しい種の人間も、外側の環境に接する場所の構造が、とてもよく似ているのは興味深いことです。

この地衣類の表面にあって、内側の部分を守る層、人間の皮膚だと表皮ですが、それは、実に驚異的な強さを持っています。二〇一〇年、欧州宇宙研究機構で、地衣類を宇宙空間に一〇日間放置するという実験の結果が報告されました。

地球の生命の起源が、宇宙から飛来した、という仮説があります。この実験の理由の一つは、その仮説を確かめるためです。つまり、宇宙空間で生きていられる生物は存在するか、ということを確認するためでした。地衣類は硬くて強い構造を持っていて、乾燥にも強い。だから、その実験に選ばれました。

宇宙空間に置かれる地衣類は、真空状態で、太陽からの強い電磁波、放射線にさらされることになります。一〇日経って回収した地衣類は、五〇〜八〇%も生き延びていました。この驚異的な地衣類の耐久性は、表面の色素層によるものだと考えられています。色素層を剝がした地衣類、色素を除去した地衣類は全滅していたからです[29]。

さらに、地衣類を長期間、火星と同じ条件に放置する実験も行われています[30]。

火星の表面は、気圧が地球の一〇〇分の一以下、大気中の酸素、水はほとんどゼロ、表面温度はマイナス一二・七度C〜プラス六一度Cと劇的に変化します。オゾン層がないので紫外線、放射線量は地球より、はるかに高い値になります。その環境に五五九日、地衣類を置きっぱなしにしたのです。

実験後、地衣類はちゃんと生きていて、しかも増殖する能力に変化がなく、構造も半分、維持されていました。

この研究者たちは、将来、火星を緑化するとき、地衣類が使えないかと考えています。いわゆる惑星地球化(テラフォーミング)です。丈夫な温室を作って地衣類を繁殖させ、そこで水さえ供給すれば、地衣類は光合成して酸素をもたらすでしょう。

火星に人間が滞在することになったとき、そんな温室があれば、まず、酸素が確保できます。水分は、人間の排出物からリサイクルすればいいでしょう。それから食用野菜などを栽培する温室、これは紫外線防御ガラスで作るか、あるいは紫外線に強い作物を探す必要がありますが、そんな温室も、地衣類温室とつなげれば可能になるでしょう。

森や林の中の地味な地衣類も、宇宙へ人類が進出するのに役立つかもしれません。

5 なんといっても皮膚は防御

人間の皮膚の角層について、薄い膜が、どのような構造でできているかはすでに紹介しました。次に、皮膚の細胞がみずから防御剤を発するかたちで有害な細菌などを防御している、そんな仕組みを説明しましょう。

家でも防御のため、化学的な手段があります。たとえばシロアリを防ぐ薬品とか、あるいは木造の家の場合、木が腐ったり、釘がさびたりするのを防ぐ塗料などです。

表皮のケラチノサイトが作るもう一つの防御機能が、なんと外から皮膚にくっつき入り込んでくる菌を殺す抗菌物質なのです。正確にいうと、抗菌作用を持ったタンパク質で、そんなものまでケラチノサイトは作ります。

面白いことに、角層の防御機能と、ケラチノサイトが作りだす抗菌物質の防御機能はうまく連携しています。角層のバリア機能、からだから水を逃がさない役目があると前に述べましたが、同時に有害な菌やアレルギーの原因、抗原をからだの中に入れない役割も果たしています。角層が壊れると、ケラチノサイトが合成する抗菌物質が多くなるのです。(31)「角層がやられた！　これからは俺たち、抗菌物質の出番だあ！」というわけですね。
人間だけではなく、いろんな動物、そして私たちが普段食べる植物にも、この抗菌物質を作る仕組みがあります。いくつか見てみましょう。

カバの赤い汗は紫外線を吸収

カバの皮膚、皮下脂肪や真皮は厚いのですが、からだから水分が蒸発するのを防ぐ表皮や角層は薄くてもろいのです。そのため乾燥すると、すぐ割れてしまいます。だから、カバが写っている写真や映像を見ると、たいてい水浴びしています。カバは水から離れないという意味で両生類に近いといえるかもしれません(32)。

カバの汗が赤いって、ご存知でしたか？　この赤い汗は、厳密にいうと、人間の汗のように汗腺から分泌されるものではなく、皮膚の深部の特殊な分泌腺から出ているもので、これが汗のように見えます。でも私たちの汗のように体温を調整する役割も果たしているようです。

さらにその成分をさまざまな化学的な分析方法で調べてみると、カバが生きていくためにとても優れたいくつかの効果があることがわかりました。特に汗の赤い成分を分析したところ、赤い化合物(hipposudoric acid)とオレンジ色の化合物(norhipposudoric acid)が検出されました。その機能を調べた結果、それぞれに紫外線吸収能力、つまり紫外線を防御する機能があることもわかりました。そして、赤い化合物はアルカリ性で、さらに抗菌作用があるのです。

強い紫外線の下、薄い表皮しか持たず、あまり清潔とはいえない水辺で暮らすカバにとって、「赤い汗」は重要な皮膚保護機能を果たしているのでしょう(33)。

鳥の皮膚は毒を持つ

鳥が皮膚から分泌するものには、角層の細胞間脂質以外にもいろいろあります。まず、羽毛の濡れを防ぐワックスエステルという脂質。これは水をはじく性質があります。そして、日本ではヤツガシラと呼ばれている鳥の仲間は皮膚で抗菌物質を作っていて、特別な分泌腺から放出されて、羽毛が雑菌によって冒されることを防いでいます(34)。

さらにニューギニアに棲むズグロモリモズというオレンジ色や黒の羽毛で派手な鳥は、羽毛に、神経毒に分類される猛毒のアルカロイドを持っています。この毒もケラチノサイトで合成され、皮膚表面から羽毛に移るようです。これは細菌の感染を防ぐというより、他の動物に食べられることを防ぐためのものかもしれません(35)。

このような研究報告を見ると、多くの動植物がなんらかの抗菌物質を表皮で作っているとも考えられます。

傷んだトマトの皮の秘密

トマト、リンゴ、ミカンなどは、皮の傷がついた場所から腐ると思ったことはありませんか？

それには理由があります。植物の皮膚も抗菌物質、防腐物質を作るのです。たとえば、トマトやリンゴの薄い皮にはポリフェノールという物質が含まれています。このポリフェノールは腐敗のもとになる酸化を防いだり、抗菌作用があります。またミカンなどの柑橘系の果物の皮にはリモネン、カルボンという物質が含まれていて香料としてもよく使われていますが、やはり抗菌作用もあります(36)。

さらにトマトの皮にはリコペンという赤い物質、あるいはビタミンCが果肉の二倍以上含まれています。これらの物質も非常に高い抗酸化力があるので、食べると、生活習慣病やがんの予防になります。だからトマトを食べるときは皮ごと食べたほうがよいようです(37)。

赤ワインが健康によいということは、二〇年くらい前から言われています。その理由は、ブドウの皮に含まれる、レスベラトロールという物質の抗酸化作用です。この物質の抗がん作用も実証されています(38)(39)。ブドウの皮には、幾種類かの酵母菌がいて、それらがアルコール発酵、ワインの風味をよくするマロラクティック発酵（これは乳酸菌による発酵）などで、ワインの酸味をまろやかにしたり、香りを豊かにするための化学変化を進めます(40)。ブドウの皮に棲む常在菌は、ブドウ自身にとってどういう役割があるのか、まだわかっていませんが、少なくとも人間、特にワイン好きの人にとっては善玉菌と言えるでしょう。

この「皮膚の上の菌」については、あとで詳しく述べます。

◆樹皮に含まれる物質と人間の薬

樹木の皮も、テルペンやアルカロイドなど、いろんな抗菌物質を含んでいます。漢方医学では、肉桂、というよりシナモンと言ったほうがわかりやすいかもしれませんが、これは有名な生薬です。漢方では血行促進などに使います。あるいはキハダの樹皮である黄柏などは健胃薬などに使われています。樹皮は重要な素材の一つとなっています。

西洋医学の歴史でも、ある重要な発見が、樹木の皮にありました。マラリアに対するキニーネ、そしてアスピリンです。

熱帯地域で、マラリア原虫という微生物が起こす熱病のマラリアは、現在でも年間数十万人の死者を出す感染症です。このマラリアの特効薬として長く使われてきたのがキナという樹の皮に含まれるキニーネ。マラリア原虫を殺す作用があります。その後、合成化学が発展して、キニーネの化学構造を模した抗マラリア薬剤が開発されましたが、それに至るまで、キニーネは多くの人々の命を救いました。

もう一つのアスピリンは商標名で、化学物質としてはアセチルサリチル酸と呼ばれます。言うまでもなく、現在でも炎症や痛みを抑える薬剤として使われています。

アセチルサリチル酸は、化学的に合成された物質ですが、そのもとになったサリチル酸はヤナギの樹皮に含まれています。ヤナギの樹皮は、ギリシャ時代から鎮痛に使われていたらしいのですが、一九世紀、イタリアの医師らが有効成分として、サリチル酸を抽出しました。しかし、サリチル酸には胃腸障害を起こす副作用がありました。そこで一九世紀末、ドイツのバイエル社が、副作用が少ない合成物質としてアセチルサリチル酸を合成し、「アスピリン」と命名したのです。

おそらくは植物が防御のために、その皮にため込んでいた物質が、人類の医学に貢献したということになります。(41)

免疫機能

免疫という言葉はよく聞きます。

これも家にたとえるとなんになるのか、考えてみました。見知らぬ人、怪しい人が家に入ってきそうになったら、警報が鳴って、そのことを警備会社に通報して、すぐさま警備員がかけつける。そして追い出す。そんなイメージです。

人間の免疫は、もっと凝った仕掛けになっています。

外からの異物を「あ、よそものだ」と発見し、そのよそものの「指名手配書」を作り、そのあと、そのよそものがまた入ってきたら、血液の中の白血球が、そのよそものを攻撃し、排除してしまいます。皮膚、特に表皮は、その免疫システムの最前線を担っています。表皮の中にランゲルハンス細胞という細胞があります。この細胞は長く細かい枝を広く張りめぐらせています。たまたま角層のバリアをくぐりぬけて「よそもの」が侵入してくると、たちまちこの枝に引っかかります。するとランゲルハンス細胞はすぐさまリンパ管を経てリンパ節に到達し、免疫をつかさどるリンパ球であるT細胞、B細胞に「こんな奴が入ってきたぞ」と知らせに行きます。

ランゲルハンス細胞は家に常駐してくれている警備員さん、T細胞、B細胞は武装した警備会社の人でしょうか。

ランゲルハンス警備員から知らせを受けると、「よそもの」を攻撃する能力のあるT細胞や、その異物を攻撃するグロブリンというタンパク質（抗体）を作るB細胞が増えます。

ランゲルハンス細胞とは別にトル（Toll）様受容体という免疫システムも表皮ケラチノサイトにあります。これは細菌などに共通する特徴的な部分を識別し、これは悪い奴だと免疫系を作動させます。たとえていうなら飛行機に乗るときの手荷物検査のようなもの。他人に危害を与えかねない刃物などは没収されます。

免疫機能というのは表皮に最前線基地を置き、全身を細菌など外部からの有害なものの侵入から守り、入ってきたものを排除する、とても大切な仕組みです。インフルエンザの予防接種も、インフルエンザウイルスを識別し、攻撃する抗体をあえて作っておいて、それを注射しておけば、ウイルスが侵入しても直ちに全身の免疫機能が作動してウイルスを排除したり、増えるのを防ぐ仕組みです。昔、人々を苦しめた天然痘などは、この手段で完全に撲滅されました。

花粉症と皮膚

アレルギーというのは、この免疫機能が強力すぎて起きます。花粉症の人は、花粉に含まれる物質に対して過剰に免疫系が反応します。だから目に入った花粉を流すため、涙があふれ、鼻の穴に入った花粉を流し出すため、鼻水が出て止まりません。警備員さんが神経質で、宅配便の人や新聞配達の人、しばらく会っていない親戚や友人まで「危なそうな奴だ」と攻撃し、追い立ててしまうようなものでしょうか。

私といっしょに仕事をしているK君もスギ花粉症です。初春の頃、憂鬱そうにしています。私は花粉症ではないですがアトピー性皮膚炎です。そして私のアトピーも初春の頃ひどくなります。「スギ花粉は、皮膚角層、ケラチノサイトにも作用するんじゃないか？」とK君だったか、私だったかが言い出して実験してみました。

するとスギ花粉に含まれるアレルギー原因物質クリジェイワン（Cry j1）という物質が皮膚表面に付くと角層バリア維持機能が低くなってしまうことを発見しました[42]。アトピー性皮膚炎では、もともと角層バリア機能が低くなっています。そこにスギ花粉が付いたらバリア機能はもっと低くなり、そのためアレルギー原因物質は、さらに入り込んできます。

別の研究ではクリジェイワンのような物質がケラチノサイトを興奮させると、痒みを起こすこともわかりました（第9章で詳述）。だからスギ花粉が飛ぶ季節、私のアトピー性皮膚炎は悪化し、痒くてたまらないから掻く。掻けば角層が壊れて、またクリジェイワンが入ってくる。ひどい話です。

花粉症じゃない人でも、その季節には花粉を皮膚に付けないようにする。外出先から戻ったら手や顔を洗ったほうがいいと思います。

指しゃぶりとアトピー

アレルギーといえば、アトピー性皮膚炎は世界中で増え続けています。その理由については、いろんな説がありますが、有力な説が、「清潔すぎる環境が原因」という話です。

くりかえしますが、アトピー性皮膚炎などのアレルギーは、本来、細菌のような異物を排除するための仕組みでした。それがスギの花粉やダニの糞なんかに過剰反応します。ずいぶん前から免疫学者は、次のような仮説を提唱しています。本来、人間はいろんな細菌や寄生虫とともに暮らしていました。それでも免疫システムがあるので、バランスが取れていました。ところが文明が進み、いろんな病気が細菌によって引き起こされるのがわかってきました。そうなると「清潔」な環境が健康のために大切という考えが定着し、特に先進国では、生活環境から細菌などを徹底的に駆除する対策が続けられました。

その結果、本来、細菌などを駆除するはずの免疫システムが、いわば「暇」になって、どうでもいい花粉などに過剰反応するようになった、と免疫学者は考え始めました。

それを裏付ける研究が最近、いくつか報告されています(43)。なんと、小さい頃不潔な習慣を持っていたほうが健康にはよいという変な話です。

ニュージーランドでヨーロッパ系の乳児一〇三七人について三八歳まで指しゃぶりや爪を噛む習慣があるかどうか五、七、九、一一歳のときに調査してみました。また、一三歳、三二歳のときアトピー性皮膚炎、喘息、花粉症の有無を調査しました。その結果、一三歳のとき、アトピー性皮膚炎に発症している率は、指しゃぶりなどをしていないグループで四九％が陽性だったのに対し、指しゃぶりなどをしていたグループでは三八％の陽性率でした。その内訳を見ると指しゃぶり、爪噛みのどっちかの場合は四〇％でした。そして指しゃぶり、爪噛み両方していたグループでは、なんと三一％だったのです。喘息や花粉症ではグループ間の違いはありませんでした。

指しゃぶりや、爪噛みは、一般的によくない習慣だと思われていると思います。きたないものに触れた指、ゴミや細菌が入り込んだ爪を噛むのは「清潔」じゃないからです。

しかし、この研究結果を信じるなら、子どもの頃、指しゃぶりや爪噛みで、たぶん細菌を飲み込んでいたほうが、将来、免疫システムの過剰反応、アトピー性皮膚炎を抑えることになります。

人間は細菌や寄生虫にくっつかれながら進化してきました。免疫システムの進化もそうです。その結果、細菌と免疫系のバランスが取れた状態が正常だったのです。ところが過度な清潔、つまり細菌などの徹底的な排除が、そのバランスを崩して免疫システムを暴走させたのかもしれません。

皮膚に棲む細菌たち

腸の善玉菌、悪玉菌の話はよく聞きます。「善玉菌を増やすヨーグルト」などという商品がスーパーマーケットに並んでいます。

皮膚、特にアトピー性皮膚炎患者の場合でも健常者との菌の分布の違いは指摘されていましたが、その役割ははっきりしていませんでした。ところが、最近、その仕組みがわかってきました[44]。健常者の皮膚には表皮ブドウ球菌がいます(善玉菌)。アトピー性皮膚炎患者の皮膚には黄色ブドウ球菌がたくさんいて、いろんな炎症の原因と考えられてきました(悪玉菌)。そのアトピー性皮膚炎患者の皮膚に、「善玉菌表皮ブドウ球菌」を植え付けると、「悪玉菌黄色ブドウ球菌」を殺す未知の抗菌物質を作ることが確認されたのです。さらにアトピー性皮膚炎患者の皮膚に表皮ブドウ球菌を移植すると黄色ブドウ球菌を減らす効果も確認されました。

人間は腸でも皮膚でも「菌」のバランスが大事なようです。

人間と細菌との深い関係を示す研究も報告されています[45]。

七家族と、その住居に生息する細菌の種類の分布（細菌叢）が六週間調べられました。その結果、家族が持つ細菌叢と住居の細菌叢には相関が認められたのです。私たちのからだ、特に皮膚の細菌の分布が、いかに環境と密接につながっているかを示した好例です。

その論文では、住居の中のあちこちの場所と、住んでいる人のからだの部分とがどう対応するのか細菌叢の関係も調べています。すると、住居の床の細菌叢と家族の足の細菌叢がよく似ていて、手の細菌叢や鼻の細菌叢、ドアノブの細菌叢はそんなに似ていませんでした。住人と家とで細菌叢が一緒になるのは足の裏を通じての出来事らしいです。さらに家族が転居すると住居の細菌叢も「ついていきます」。細菌も家族の一員なんですね。

さて、細菌叢といえば、さっき話した腸内細菌が有名です。これについては多くの研究が行われていますが、私が気になるのは次の研究です。

肥満マウス母の子どもは社会性が欠如しているそうです。他人とのコミュニケーションに問題がある自閉症のモデルだと考えられています。その子どもマウスの腸内細菌ではロイテリ菌が少ないのです。その子どもマウスにロイテリ菌を飲ませると社会性の欠如が治ります。ロイテリ菌は脳視床下部のオキシトシンの量を増やす効果があります。オキシトシンの投与にも同じ効果が認められました[46]。

なぜ、この研究が気になるかというと、腸の中の細菌叢が脳の機能にまで影響するなら、皮膚の細菌叢も脳に影響するのではないか、という途方もない空想をしたからです。前にお話ししたように、皮膚の細菌叢はまずアトピー性皮膚炎などと強い関係があります。また居住環境との関係も深いです。アトピー性皮膚炎患者では、うつや不安症が起きる確率が高いという報告があります[47]。

それについては、私も含めていろんな仮説があるのですが、腸の細菌叢が脳に直接変化を起こすように、皮膚の細菌叢が直接脳に影響することもありうるのではないか、と考えています。それに表皮ケラチノサイトもオキシトシンを作ることができます[48]。

皮膚常在菌の調整で心の健康を保てるかもしれません。

さらに最近、興味深い研究がカリフォルニア大学サンディエゴ校の研究者たちによって報告されました[49]。抗菌作用がある菌を調べるうちに、皮膚がんを防ぐ物質を作る菌が見つかったというのです。まだネズミを使った実験しか行われていないので、人間の皮膚でも、この菌ががんを防いでいるのかは、これからの研究課題です。

腸内細菌の研究はすでに多くの発見、成果をあげていますが、皮膚の上の菌の研究は始まったばかりです。これからさまざまな研究がなされ、驚くような発見があると期待しています。

6 極限環境のなかでも平気な皮膚

皮膚は、からだの外の世界と、熱やエネルギーの情報のやりとりをしています。まず、大切なことは、暑いとき・寒いとき、家の中の温度を快適に保つように、季節の変化・温度の変化に対して、からだの温度を調節するために皮膚が機能していることです。その点で、人間の皮膚はとても優れています。鱗や羽毛や体毛がないのも、そのためだという仮説もあります(後で説明するように、私はこの皮膚が温度調節だけに寄与するという説には同意できませんが)。

汗っかきなのは人間とウマだけ

暑いとき、私たちは汗をかきます。汗が蒸発して、そのとき皮膚表面から熱が奪われます。この仕組みによって、体温が高くなりすぎないように調整しています。汗をかいたときは、扇風機で風を感じるだけで涼しくなります。逆に寒いときには、皮膚の中を流れる血液の量が増えて皮膚を温めます。

人間以外の動物が暑いとき、汗をだらだら全身から流しているのを見たことがありますか？　前に述べましたが、カバの汗は汗ではなく「分泌物」です。他の哺乳類も汗、あるいは汗のような分泌物を放出することはありますが、からだの温度調節のため、たとえば暑いとき、激しく運動したあと、からだを冷やすために汗をかくのは人間とウマだけです[50]。

人間の場合、汗を出す汗腺には、エクリン腺(eccrine gland)とアポクリン腺(apocrine gland)の二種類があります。暑いときに出る汗は、エクリン腺から出ます。汗を出すエクリン腺の数は二〇〇万もあります。アポクリン腺は、人間ではわきの下、生殖器の周辺などに分布しています。他の哺乳類では全身に分布している場合が多いです。

エクリン腺からの「汗」は、ほとんどが水ですが、アポクリン腺からの分泌物には脂質やタンパク質が含まれています。人間だと、「わきが」の原因になるけれども、他の哺乳類では異性を惹きつけるフェロモンを分泌する腺でもあります。実は人間のわきの下の分泌物が人間にとってもフェロモンの役割を果たしているという研究報告もあるのです[51]。

皮膚の表面、たとえば腕の内側を倍率の高い虫眼鏡で見ると、三角形が互い違いになったような小じわが見えます。このしわの溝にエクリン腺があって、そこから出た汗が小じわを用水路のように流れ広がり、やがて蒸発して、そのとき気化熱を奪うのです。このエクリン腺が全身にあるのは人間だけのようです。発汗は一時間に二リットルにまで達することがあるそうです。

ゾウの皮膚とマイクロ工学

ゾウは、大まかに分けて二種類います。東南アジアやインドの森林の湿潤な環境で生きているアジアゾウと、サバンナのような乾燥地帯で生きるアフリカゾウです。

暑く乾いた地域で暮らすアフリカゾウは、乾燥と高温から皮膚を守ることが生存のために重要になります。ゾウは、短い体毛に覆われていますが、人間のからだも「うぶ毛」で覆われているように、皮膚の保護にさほど役立つとは思えません。そしてゾウは汗をかけません。脚のごく一部に汗腺のような分泌腺はありますが、胴体にはありません。皮膚が分厚いからでしょう。そのため、アフリカゾウの皮膚表面には巧みな仕掛けがあります[52]。分厚い角層に直径数ミリメートルの網目状の構造があるのです(図8)。

このミクロの構造は、皮膚表面からの水の蒸発を防ぐ働きがあるようです。

その構造を模したゴム板を作って水分の蒸発量を測ってみたら、平坦なゴム板の四・五〜一〇倍の水分保持機能がありました。アジアゾウの皮膚表面を模したゴム板と比較しても一・五六倍の水分保持機能があったそうです[53]。

アフリカゾウが水浴びをするシーンをテレビなどでよく見ますが、あれは熱く乾いた大地

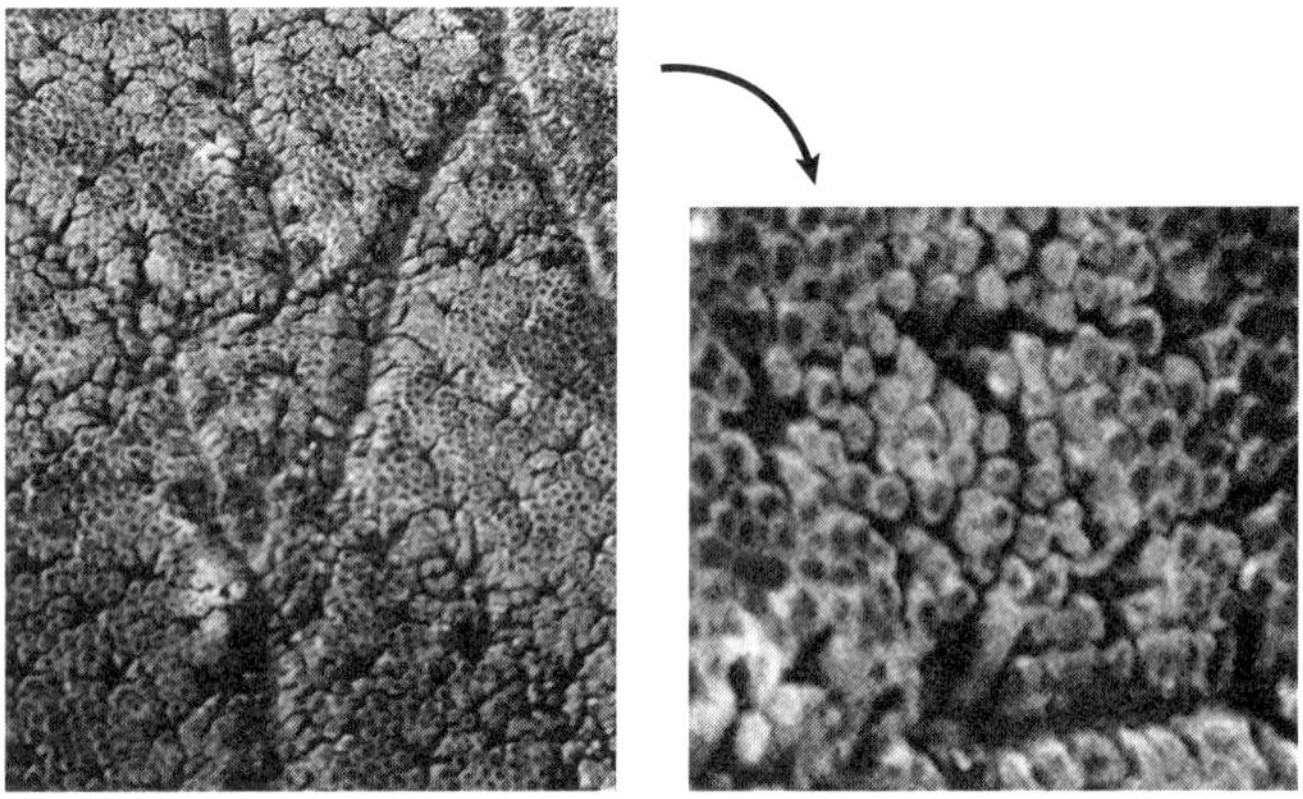

図８　アフリカゾウの皮膚（多摩動物公園提供）

で生きるために構築された天然のラジエーターとでもいうべきアフリカゾウの皮膚に、水を供給するためなのでしょう。

鳥肌は立つ？

鳥の皮膚も基本的な構造は、私たちの皮膚と変わりません。皮下脂肪があって、真皮がありま す。そしてその上に表皮があり角層がありま す。違っているのは、その上に羽毛が生えていることです。

よく「鳥肌が立つ」といいます。あれは、本来は、寒いとき、鳥が羽毛を立てて空気を羽毛に取り込み、体温が逃げるのを防ぐことをいいます。哺乳類、人間でも寒かったり、ぞっとしたとき、体毛（うぶ毛）が立ちます。毛の根元にある小さな筋肉が羽毛やうぶ毛を立たせるのです。それに引っ張られてぶつぶつが見えます。だから焼き鳥の皮の表面のぶつぶつ、本来の鳥肌と、私たちが寒かったり、怖くてぞっとしたときに、皮膚の表面がぶつぶつになる「鳥肌」は同じものだと言えます。

鳥の皮膚は、その羽毛といっしょになって、生きている場所や生活の違いによって、いろんなやりかたで環境に適応しています。人間と異なる点は、表皮が作った脂質を角層に放出しない場合があるということです。

ゼブラフィンチというスズメの仲間の鳥がいます。キンカチョウという名前でペットとしても知られています。ゼブラフィンチの表皮と角層を調べた研究によると、脂質を含むラメラ顆粒が角層にすべて放出されないことがあるのです(54)。気温と湿度が高いとき、汗をかけないゼブラフィンチは、あえて角層に脂質を放出しません。つまり角層は皮膚の中の水分を逃がしてしまいます。当然、皮膚の中の水は蒸発してしまいますが、そのため体温は下がるのです。しかし、そのままだとからだに必要な水分まで失われてしまうので、しょっちゅう、水を飲んだり水浴びする必要があるようです。

一方、周囲が乾燥してきて、皮膚の水分が欠乏すると、表皮からラメラ顆粒が角層に分泌され、人間の角層と同じ、水を逃がさない角層になって、羽毛から水分が蒸発しないように作用するのです(55)。

湿度が大きく変わる環境に生きている動物は、それぞれの場合に合わせて、皮膚の機能をコントロールしているのです。

オーストラリアに棲んでいて、ダチョウほど大きくないけど、ふつうの鳥よりは大きなからだで、二本の脚で駆けるエミューという鳥がいます。その皮膚の特徴は真皮に脂肪でできた二ミリメートル以上の厚い層があることです。これは大きな羽根をささえるためというのと、砂漠地帯では零度C近くになる大気の中での防寒のためだと考えられています。(56)

ダチョウやエミューのように、空を飛ばず、二本の脚で駆けまわる鳥は特別な鳥に思えますが、最近の恐竜の化石の研究では、いろんな種類の恐竜、たとえば「ジュラシック・パーク」に出てきたヴェロキラプトルという恐竜も、鳥のような羽毛で覆われていたと考えられ始めています。そして、恐竜は絶滅したけど、その直接の子孫は鳥類だという意見もあります。そう考えると、ダチョウやエミューは特に恐竜に似ているとも言えるかもしれません。

体温四〇度Cを保てるペンギン

冬のスズメは羽毛をふかふかにして丸くなっています。あれは空気、熱が失われるのを防ぐ物質といえますが、それを羽毛に取り込んで、自前のダウン(羽毛)コートにしているわけです。

ペンギンは、南極など、たいてい寒い地域に棲んでいます。からだが大きければ熱がからだから奪われるのには時間がかかりますが、小さいからだだとすぐに冷えて大変です。ところが、ペンギンの中でも小さなコガタペンギンは、水温が一〇度Cの環境で生活しながら水中での体温は三九・二度Cもあるのです。その秘密も羽毛にあります。槍形の羽根は三センチメートルぐらいの小さなものですが、小さいからこそ、すきまなくびっしりからだ全体を覆っています。それが冷たい海水を通さないバリアになっています。そして防寒にも役立っているのです(57)。

氷点下でも凍らないヒラメの皮膚

北極海や南極の海にも魚がいます。そこでは水温が氷点下なんてあたりまえです。彼らの皮膚は凍らないのでしょうか？

そんな疑問を抱いた研究者が、カナダ北東部の海で獲れたヒラメの皮を、氷点下二度Cに維持する実験を行いました。それでも、皮膚は凍りませんでした。彼らは、そのヒラメのように冷たい海で生きる魚の皮膚には、何か凍結を防ぐ物質があると考えました(58)。

その後の研究で、予想通り、いくつかの「不凍タンパク質」が発見されました。そのタンパク質があるヒラメの皮膚や臓器は、氷点下でも凍らないのです。

その中の皮膚にあるタンパク質について、カナダの研究者たちが、ヒラメの皮膚の季節変化を調べました。そうすると、秋から冬にかけて表皮が厚くなり、同時に不凍タンパク質の量も、表皮で増えることがわかりました[59]。

どうして、そのタンパク質が表皮の凍結を防ぐのかはわかっていません。ただ水が凍る、結晶になる物理現象そのものが、まだ明らかになっていないのです。実は、私の大学院時代の研究が水の物理化学でした。そのあとも、水の研究の話題には興味があったのですが、知り合いの水の研究者に尋ねても、この三〇年以上、進展はないようです。むしろ、このヒラメのタンパク質を研究すれば、水の謎が解けるかもしれません。

冷たい氷で覆われた海で生きる魚は、その皮膚を季節によって衣替えしていたわけです。

だぶだぶの皮膚をまとうカエル

南米、アンデス山脈にある世界で最も高地（標高三八一二メートル）にあるチチカカ湖には、SサイズのカエルがLLサイズの服をまとったようなカエル、チチカカミズガエルがいます。

その湖の平均温度は一〇度C、さらに高地だから水中の酸素濃度も地表の六〇％ぐらいしかありません。そこで、そのカエルが少ない酸素を低地に棲む仲間と同じぐらい確保するために選んだ作戦は、呼吸する皮膚の面積を大きくすることでした。

このカエルの血液を、同じ地域の低い地域に棲む（標高三三五メートル）カエルと比較したところ、乏しい酸素、冷たい水温の環境で暮らしているのに、酸素を運ぶ赤血球のヘモグロビン量が四倍、酸素容量は二倍近くあったそうです(60)。地球上のさまざまな場所で生きているカエルの皮膚の工夫には驚いてしまいます。

こういう生存が難しい環境に適応して生きている生物のさまざまな戦略は、私たちが、未来に、たとえば宇宙や火星など、地表とは異なる厳しい環境で生き抜くための知恵を与えてくれるかもしれません。

脱皮する植物のメセン

過酷な環境に生きている植物は、その「皮膚」に、どんな工夫をしているのでしょうか。それらのなかから、私が好きで、実際、家で飼っている（植物を「飼う」とは言いませんが、これから紹介する植物は、栽培しているというより「飼っている」ような気がします）メセンという多肉植物の話をしましょう。

アフリカ南部、ナミブ砂漠に生息する不思議な植物です。大きく分けてリトープスとコノフィツムという園芸種が有名ですが、それらをまとめてメセンと呼びます。かつては「女仙」という字があてられたこともあって、その奇妙な姿からは信じられない美しい花を咲かせます。

メセンは、ころりとした球状、ちょっと長細い形、ハート形の品種もありますが、まず、茎も葉っぱもないように見えます。信じがたいことにマツバギクの仲間だそうで、なるほどリトープスの花はキクの花に似ています。

原生地の砂漠では、半分以上が土に埋もれていて、平らになっているてっぺんだけが地上に出ています。コノフィツムには緑色をしたものが多いですが、リトープスは、たぶん動物が見つけて食べない色、黄土色、クリーム色、褐色など、乾いた土の色をしています。その上に、保護色として大地のヒビ割れに似せたのでしょう、種類によって、いろんな不思議な模様があります。

ほとんどが土に埋もれているこの植物、いったいどこで光合成しているのかというと、土に埋もれた部分の一番下、ちょろちょろと根が生えている部分の上にある、球の内側の緑色の部分なのです(図9)。地表に出ている模様、実はここが透明な窓になっています。球の中は、水をいっぱいふくんだゼリーのよう。窓から差し込んだ光が球の奥に差し込み、そこで光合成をしています。球はレンズの役割を果たしているのでしょう。すごいハイテク植物です。

メセンの不思議なところはもう一つあって、この植物は脱皮するのです。脱皮というと、昆虫とかヘビを思い出しますが、植物のメセンも脱皮します。

彼らが生きる砂漠では、水がとても貴重です。原生地の春先、日本では秋の頃、花を咲かせたあと、メセンたちは次第にしぼんできます。実はこのとき、球の内部に次の年に現れる新しい球ができつつあるのです。それが古い球の水を吸収して育ちつつあります。古い球の水が吸い尽くされ、カサカサになった頃、新しい球が現れます。大事に育てると一つの球から二つ新しい球が出てくるときがあります。

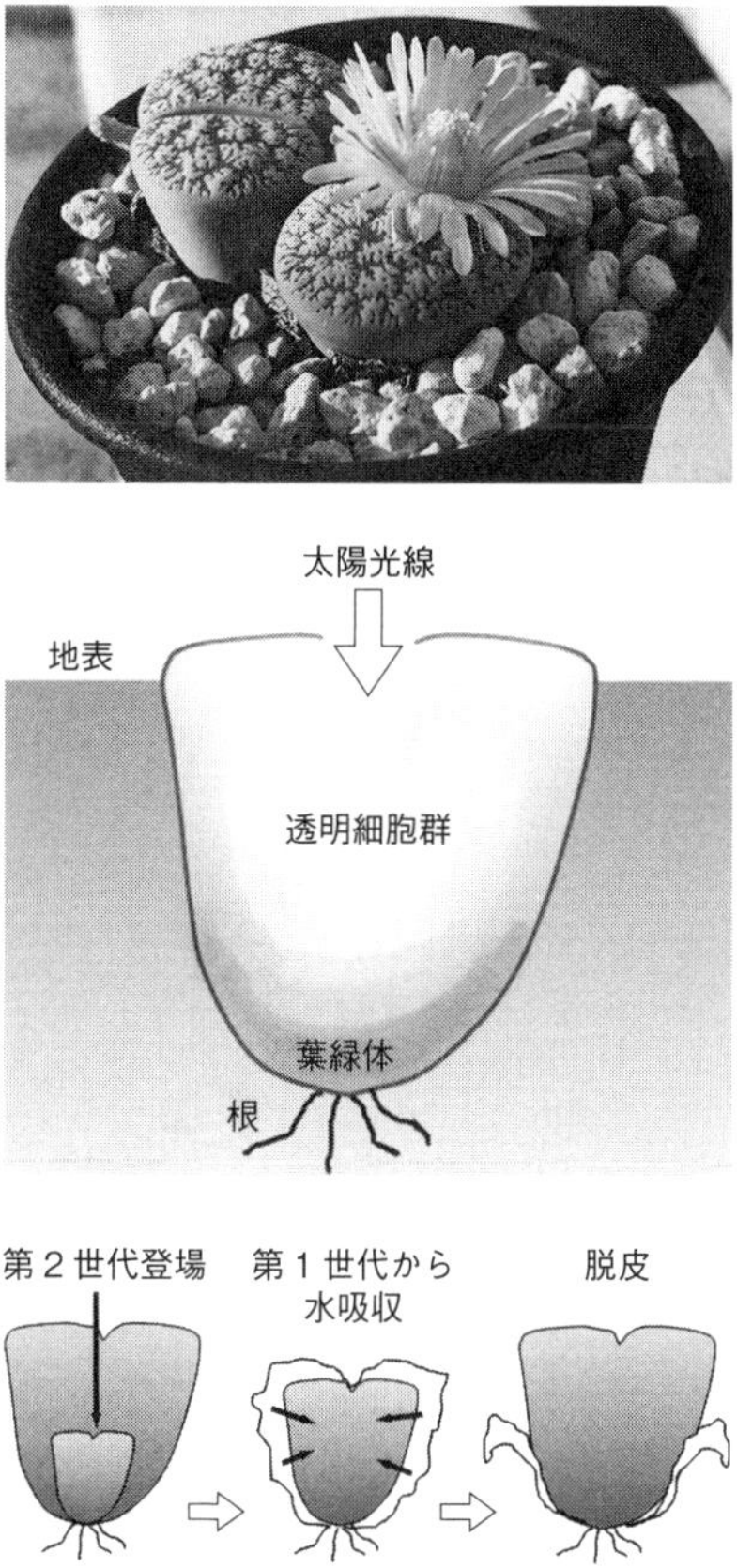

図９　脱皮する植物メセン

メセンはてっぺんの皮膚を、太陽光線を取り入れる窓にし、下の部分の皮膚内部で光合成します。乾燥地帯で貴重な水を大切にするため、古い球の水を次の世代に譲って、古い球は「古い皮」として剝がれ落ちるのです。

メセンが生きている砂漠では日中と夜間の温度の差も大きいです。地表は夜明け前は一五度C以下に冷えるのに、日中は五〇度C近くになります。生き物にとって過酷な変化です。動けない植物にはもっと大変でしょう。

でも地中に埋まったメセンの底部、光合成が行われる大事な部分の温度変化は二〇度Cから四〇度Cぐらい。まあそれぐらいなら我慢できるのでしょう。これもメセンが砂漠で生きるための優れた機能なのです。(61)

7 驚くべき進化を遂げた皮膚

これまで、皮膚の防御機能、交換機能について述べてきました。それ以外にも、変わった機能を持つ皮膚があります。どれも、その生き物が、生きている環境の中で適応するために役立っています。

高速で泳げるサメ肌

肌が荒れてガサガサして、撫《な》ぜてもひっかかるような状態、これをサメ肌と言いますね。ワサビのおろし金、あるいは刀の柄に使われている乳白色の凸凹のものを「サメ皮」と呼びます。実は、あれはサメの皮ではなくて、エイの一種の皮です。前に話したエナメル質の硬い突起状の鱗の一種で覆われています。

ところで、二〇〇八年の北京オリンピックの頃、「サメ皮を模した」競泳用水着が話題になったことを憶えていませんか。これも厳密に言えば、サメの皮膚表面と同じというわけではありません。

サメの皮膚表面には〇・二ミリメートルぐらいの小さな鱗がびっしり並んでいます。ふつうの鱗のように端が重なり合っているので、頭から尻尾の方向に撫ぜると滑らかですが、逆方向に撫ぜると、ざらざら引っかかります。これが「サメ肌」という表現の起源でしょう。

数年前、ある研究者が、この構造を3Dプリンタで構成し、サメが泳ぐ際のシミュレーションを行いました。サメの皮膚は、小さな鱗状の表面に、さらに細かな凹凸があり、泳いでいると、そこで小さな渦が発生し、水との摩擦によるエネルギーの分散を少なくすることによって水の抵抗を小さくし、前に進む力を高めるようです。このような渦を起こすサメの皮膚は、平坦な表面と比べて速く泳ぐのに適していることがわかりました(62)。

この構造は、四億年前の魚の化石にもあるのです(63)。海の捕食者は獲物に追いつくため、おそらく四億年前から、この鱗を持っていたのかもしれません。

電気レーダーを備えた皮膚

エレファントノーズフィッシュという名前の、確かにゾウの鼻のような口先をした魚がいます。ナイル川などに棲んでいます。この魚、泥の中で獲物を探したり、障害物を避けたりするため、なんと電気的なレーダー機能を持っているのです。尻尾に発電器があって、体の周りに電場を作ります。そこに生き物が近づいたり、障害物があると、全身の表皮のセンサーで感知します。この魚の口先からしっぽまで皮膚表面に小さな電気センサーがびっしりあるので、電場の異常の場所がわかります。(64)(65)(66)

生き物は、からだの周囲にとても弱いけれど電場を持っています。特に筋肉を動かしたりすると、電場が変化するので、たとえば小さな獲物が動けば、エレファントノーズフィッシュは素早くそれを察知できます。

この魚は大きな脳を持っています。全体重に占める脳の重さの割合は、全体重を1とすると、人間で0・023、ネズミで0・008、フナで0・001ですが、エレファントノーズフィッシュはなんと人間以上の0・03もあります。これは皮膚表面にある多くの電気センサーによって、膨大な情報が彼らの皮膚からもたらされるので、皮膚からの情報を処理するためだと考えられます。その大きな脳での情報処理のためでしょうか、エレファントノーズフィッシュは大量の酸素を消費することがわかっています。こっちも全身（全体重）の消費量と、脳の消費量の比率で表すと、人間で0・202、ネズミで0・048、フナで0・072ですが、エレファントノーズフィッシュは、酸素消費量比でも人間以上の0・60もあります。(67)

よく知能を表すのに、体重に対する脳の重さを指標にします。人類の進化でも、ほぼその比率が高くなってきました。しかし泥水の中で泳ぐ魚に、人間が負けるとは驚きです。

皮膚と脳の関係を示すうえで、前に書いた昆虫とは逆の意味で、驚くべき生物だと思います。このことについては、後で詳しく述べます。

エサを食べる皮膚

原生動物と呼ばれる動物の種類があります。いろんな研究者が、その分類学的な定義を主張していますが、ざっくり、共通する点を挙げれば、単細胞生物であり、動物というから動き回って活動します。ゾウリムシ、アメーバなどが有名です。

アメーバなどの原生動物は、エサの細菌などが近づくと細胞膜が変形して、ぱくりとエサを取り込んでしまいます。これは「エサを食べる表皮」だと言えるでしょう。

海の岩の上に、分厚い苔のようにはりついている動物にカイメン(海綿)がいます。台所やお風呂で使うスポンジは、いまはたいていプラスチック製ですが、かつては海で採取されたカイメンを洗って精製して使っていました。

カイメンは実際に海で見ると、肉眼で見る限り、動きは見えないし、前に話したように岩に生えた苔に見えます。実際、昔は植物だと考えられていたこともあったらしいのですが、実は海水中のエサを食べて生活している動物です。卵を産む種類もあります。繊維状の組織でできた動物の集合体です。集合体の表面に穴が開いていて、そこから海水を取り込み、ろ過します。そのとき引っかかるプランクトンなどを消化して生きています。これも「エサを食べる皮膚」と言えるかもしれません。

分身を作る皮膚

ヒドラというイソギンチャクを小型にしたような動物がいます。イソギンチャクや大部分のクラゲと同じ刺胞動物と呼ばれるグループに分類されます。淡水に棲んでいて、石や水草の上にくっついて生活しています。一センチメートルに満たないヒドラには、全身に広がる神経系のネットワークがあります。イソギンチャクのような触手を持っていて、これでプランクトンを捕まえて食べます。

このヒドラのからだは、たった二層の細胞でできています。全身表皮といってもいいでしょう。そして、このヒドラ、からだのわきから「芽」が出てきて、やがてヒドラ二号に成長するのです。あるいはからだを二つに切られても、それぞれの半身が一体ずつのヒドラになります。かと思えば、卵巣と精巣を同じ身体の中に作って、有性生殖することもあります。

このヒドラのような生き物から、原始的な動物の表皮といえる場所には、多様な機能を備えていることが見えてきます。

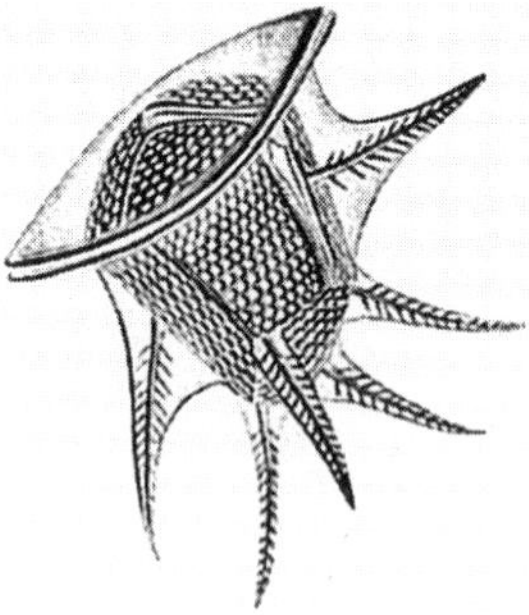

図10　珪藻

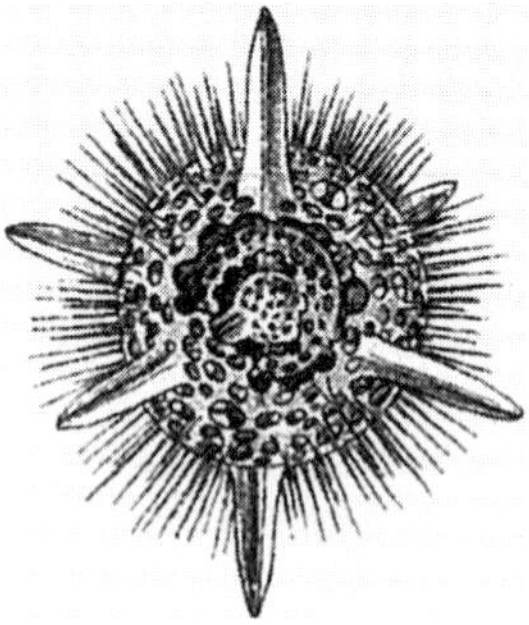

図11　放散虫

芸術的な模様を持つ皮膚

水の中に棲む単細胞生物には、とんでもない材質の「皮膚」でからだを守っているものがいます。

たとえば珪藻と呼ばれる植物性プランクトン(図10)。どこにでもいるプランクトンですが、彼らのからだを覆う外壁となる皮膚は、珪酸という物質で作られています。珪酸とは、石英や、水晶やガラスの成分で、酸にもアルカリにも耐性があります。

珪藻が死んで水底に堆積し、化石化したものが珪藻土です。吸湿性があるので、建築素材に使われます。七輪の胴体も珪藻土でできています。

放散虫と呼ばれる微生物は、海のプランクトンです(図11)。

この微生物も、珪酸や酸化ストロンチウムという、小さいけれど頑丈な素材でできた外壁や骨格を持っています。

放散虫も死んで堆積すると岩になり、たとえば砥石に使われたりします。それを溶かすと芸術工芸品のような外壁を見ることができます。

数億年前から現在にいたるまで生き延びてきた有孔虫という原生動物は、海の底や、プランクトンのように海を漂って生きています(図12)。ふつうはミリメートル単位の大きさですが、私は十円玉ぐらいの化石を持っています。化石で知られているものでは一〇センチメートルを超えるものもあるようです。

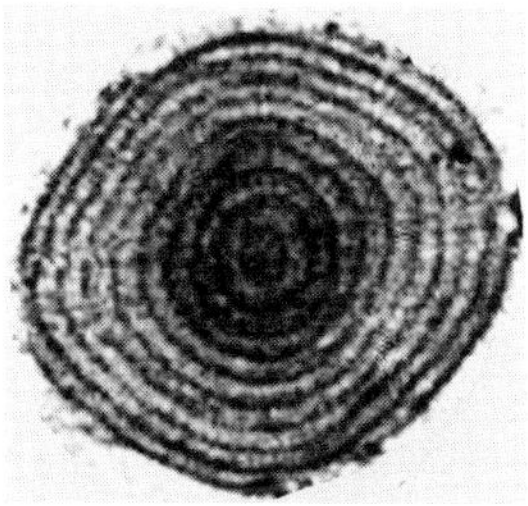

図12　フズリナ

有孔虫の骨格と防御壁は、とても細かく、精密な骨格をしていて、大理石と同じ成分の炭酸カルシウムでできています。私が特に好きなのは、フズリナと呼ばれている有孔虫の化石です。眺めていると宇宙の星雲を思い出します。

セメントの原料になる石灰岩は、このフズリナやサンゴの死骸が海の底に沈んで化石になったものである場合が多いのです。小学生の頃、砂利道にまかれた石灰岩を拾ってサンドペーパーで丁寧に磨くと、二億五〇〇〇万年前のフズリナのきれいな構造が浮き出てうれしかったことを憶えています。

沖縄のみやげものになっている星砂は、今も生きている有孔虫の殻です。炭酸カルシウムでできた骨格に棲んでいた原生動物の殻が、中にいた触手を持つ小さな動物が死んだあと、貝殻のように残ったものです。

食虫植物たちの皮膚

食虫植物には小学生の頃からあこがれていました。変な小学生ですね。最近は食虫植物も大きな園芸店やホームセンターで売っています。私は自宅でウツボカズラを「飼って」います。食虫植物も「栽培」している気がしません。私が好きなのは「植物離れ」した植物のようです。

日本でも高原の湿地などでよく見られるモウセンゴケは食虫植物です。葉の表面に細かい突起が出ていて、そこにネバネバする液が分泌されています。どうやら虫にはよい匂いがするらしいです。そこで葉にとまった虫はネバネバ液に脚をとられ、逃げられなくなります。そのうち葉がゆっくり虫を包みこんでしまい、じっくり消化します(68)。見ていておもしろいのは、ハエトリソウ。ハエジゴクともいいます。

食虫植物にもいろいろありますが、これが一番すごいと思います。なにしろ虫が来ると「パクッ」と捕まえてしまうのですから。まつ毛が長い瞼が開いたような「罠」に三本の触角があり、それに二度触れると「パクッ」と閉じて、捕まった虫はじわじわ消化されます。この罠は電気仕掛け。罠になっている葉っぱの表裏に微弱な電圧をかけるだけで、罠が閉じ

ます。罠に電気信号をさまたげる薬剤を塗ったり、土にまいてしばらくすると、つついても罠は動きません。(69)(70)

こういうのが、どういう進化の過程でできてきたのか想像もつきません。人間を捕まえるような巨大ハエジゴク、いやニンゲンジゴク（文字通り地獄だけど）は幸いＳＦにしか出てきません。

モウセンゴケとハエトリソウが「罠」式食虫植物だとすると、もう一つの食虫植物の作戦は「落とし穴」です。そのうちの一つが、長い筒状の形のサラセニアです。筒の底に水が溜まっています。そして内側の表面に底に向かった毛が生えていて、落ちた虫はなかなかはい出ることができない仕掛けになっています。(71)

さて、私の家のウツボカズラ。その落とし穴の表面は環境湿度、温度に応じて変化します。湿度が低く温度が高い状態では落とし穴の入口は濡れます。虫を滑りやすくするのかもしれません。

ウツボカズラにもいろいろ種類があります。長いウツボカズラと短いウツボカズラを比べると、ウツボが長いものでは落とし穴の内側のツルツル滑る部分が本体の背の高さにかかわらず広くなっています。本体の背が高くウツボが短いものではツルツルの部分がありません。ツルツルの部分はウツボカズラの背の高さ、ウツボの長さによって獲物を獲る作戦に応じて

異なっているのです。(72)(73)

ハエジゴクに比べると「凶暴性」を感じないウツボカズラですが(じっと虫が転がり落ちるのを待っているだけですから)、見えないところで、その表面、皮膚の性質を、獲物を捕るため調整しているのです。

8 コミュニケーションする皮膚

皮膚は、殻で覆われている場合も多いですが、それも皮膚だと考えると、ディスプレイとしての役割を果たしている場合があります。本書の最初で紹介した「家」のたとえに戻れば、特殊な目的で建てた家を目立たせるために家の外装を工夫することに相当します。映画館の看板、居酒屋の赤ちょうちんのようなものです。

生物の皮膚のディスプレイの必要性も、人間の場合を例にして考えるとよくわかります。体毛をなくして皮膚を環境に露出させた人類は、かなり以前から、その素肌に装飾を施していたようです。やがて集団の中に社会組織ができてくると、その装飾が社会的地位を表すことは現在でもありますね。衣服も皮膚の一部だと考えると、それが、もっとはっきりします。世界中の民族でなにかしら、その傾向はあります。

社会的地位が高い人は、それ相応の高価な衣服や装飾品などで身を装います。あるいは一九七〇年代のパンクロックの場合には、髪の毛を逆立てて(怒髪天を衝く、って古いですか)、トゲや鋲で装飾した衣装で怒りや行きどころのない不満を表現しました。

動物の場合、皮膚によるコミュニケーションは、大まかに見て三つに分けられそうです。一つ目は防御、二つ目が威嚇、三つ目が異性に対するデモンストレーションです。防御は保護色。自分の周りの風景の中で目立たない装いをします。威嚇は逆に自分は危険であると目立つ格好をします。そして異性に対するデモンストレーションは、やはり目立つ格好をして異性、人間以外の動物ではオスが目立つ格好をする場合が多いようですが、自分がいかに優れたオスであるかをアピールします。

いくつかの例を見てみましょう。

変態でメッセージを送る昆虫

昆虫は何度も述べますが、殻でからだを覆われているので、その時々に応じて体色を変化させるのは難しそうです。でも、防御、威嚇を目的に、彼らの硬い皮膚はさまざまな色になっています。

防御については、まず生活環境に合わせて色や模様を、さらには体型まで変えてしまいます。コノハムシなんてその最たるものでしょう。有名な話ですが、「工業暗化」と呼ばれる現象があります。一九世紀のイギリスでのこと、工業の発展に伴い石炭をどんどん焚くようになりました。そのため、木が煤で黒くなり、蛾の一種の色が黒っぽくなったという話です。

これは短い間に環境変化に伴う進化が起きたのではないかという例として、進化論者の間で一〇〇年以上議論が続いています。その是非について意見を述べるほど、私は知識がないのですが、小学生の頃、面白い経験があります。

田舎に住んでいて、庭にサンショウの木がありました。春先にもなるとアゲハチョウがやってきて卵を産みます。そこから孵《かえ》る幼虫は、生まれた当初は鳥の糞に似ていると、どこかで読んだ記憶がありますが、黒っぽい体色に白が混じった、たしかにゴミか何かのような地味な色合いをしています。木の枝の上にいるとまず目立ちません。ある程度、大きくなると、今度は鮮やかな緑色に変身します。これはサンショウの葉の色に紛れるためでしょう。

やがて彼らはさなぎになります。さなぎは動けません。とても危険な状態だと言えます。小学生だった私の発見は、そのさなぎに緑色のものと、褐色のものがいることでした。緑のさなぎは樹の葉の間に、褐色のさなぎは樹の幹にいたのです。

そこで夏休みの自由研究として、さなぎになりそうな大きめの幼虫を赤い紙を張ったかごで飼ってみました。赤いさなぎになるのではないかという期待がありました。でも、そのさなぎは褐色になってしまいました。どうやらアゲハチョウのさなぎの体色は緑と褐色の二つの選択肢しかないようでした。

威嚇についても、アゲハチョウの幼虫は面白いです。緑色になると、本当の小さな頭は目立たないのに、イモムシの前のほうに目玉のような模様ができます。これも昔どこかで聞いた話ですが、ヘビの頭を模しているといいます。つまりヘビのふりをしているというのです。

そんなことにだまされず、幼虫を突くと、急に頭をそらして、頭の後ろからオレンジ色の突起がニュッと出てきて、妙な臭いもします。多分、威嚇しているつもりなのでしょう。

危ない昆虫、たとえばハチなどは、オレンジ色と黒で、いかにも「あたし、危ないわよ（ハチの働き蜂は雌）」と主張している。ところが毒針を持たないハナアブも同じような色合いをしています。「おれ、ハチだよ。触ると大変だよ」とだまそうとしているのでしょう。

昆虫は種の数、個体の数で、動物の中で最も繁栄しているといえます。そして、その形態は多種多様です。それも、それぞれの種がカモフラージュやら威嚇やら、それぞれの生活環境の中でより生存に有利な皮膚の色を持っています。種の多様性は、そうした昆虫が生き残った結果なのでしょう。

過激色で威嚇するカエル

またカエルの話です。カエルにも敵の目をごまかすため、周囲の風景に皮膚を似せている種類がいるかと思えば、逆に、ものすごく目立つ皮膚の色、模様で飾っている種類もいます。後者で有名なのが中南米にいるヤドクガエル（矢毒ガエル）という種類です。この名前の由来は、先住民の人たちが、その皮膚に含まれる猛毒を、吹き矢の「矢毒」に使っていたことから来ています。

つまり「おれたちに近づくなよ。触るなよ。食べたら即死するぞ」と、派手な皮膚模様でアピールしています。その色も黄色、青色、赤など派手ですが、それらの色で美しい模様を作って、さらに目立たせている種類もいます。

気を惹くイカの変身

イカやタコが身体の色を変えることはよく知られています。それは彼らに共通した皮膚の構造のためです。基本的に三つの層が重なっています。表面にいろんな色、黒、赤、黄などの色素を含む色素保有細胞（色素胞）の層があり、これは神経につながっています。その下に虹色素胞という、光を反射する細胞の層があって、ここにも神経がつながっています。そしていちばん深いところに白い白色素胞と呼ばれる細胞の層があります。その下は筋肉です。

イカやタコがすばやくからだの色を変えるのは、表面の色素胞を広げたり、縮めたりしているからだ、ということは以前から知られていました。ところが二〇一二年、アメリカのウッズホール海洋生物学研究所の研究者が、ケンサキイカ（ヤリイカのように細い種類）の皮膚に電圧をかけたところ、キラキラ光る虹色素胞が大きくなったり小さくなったりすることを発見しました[74]。

その仕組みに注目したヒューストン大学の研究者たちは、電気で色が変わる小さな板を碁盤の目のように並べたもの、これを重ねることによって、文字を浮き出させるディスプレイを発明しました[75]。

イカやタコは全身の色をすぐ変化させますが、コウイカというイカ、ラグビーボールを平たくした先に短い脚がついているようなイカですが、このイカは皮膚表面に周囲の色に合わせた模様を浮き出させたり、威嚇のために、電光掲示板のような動く模様を見せたりするので、よく研究されています。異性に対するアピールもするし、ライバルや捕食者に対しては威嚇します。逆に目立たないように周囲の色に合わせてカモフラージュしたりします。

以前、私が沖縄の浅瀬でシュノーケリングをしていたら、目の前に、白っぽいコウイカが、ぽかっと浮いていました。敏捷な動物には見えないので、捕まえてやろうと近づくと、ぱっと赤黒い色に変わって、あっという間に数メートル先に逃げていきました。

コウイカの皮膚には、まず白い地肌があって、その上にキラキラ金属光沢がある虹色素胞という細胞の層があり、その上に赤、黄、茶色の色素胞がネットワークを作ってびっしり並んでいます。くりかえしますが、色素胞にも虹色素胞にも神経がくっついていて、それぞれの色素胞が広がったり縮んだりして皮膚の色になります。たとえば全部の色素胞が小さくなると白い皮膚になるし、赤い色素胞が広がると赤い皮膚になります(76)。

この仕掛けは、まずはカモフラージュ、周囲の色や模様に体色を似せて目立たなくすることに使われます。黄色っぽく細かい砂の上では、全身が黄色っぽくなり、大きめの砂の上だと、それらしく細かな白、黒、茶色などが散らばった色になります。

そこで、研究者が白黒のチェッカー模様（市松模様、二〇二〇年東京オリンピックのエンブレムのような）が底になっている水槽にコウイカを入れてやると、驚いたことに、すぐ同じような模様がからだに浮かび上がったのです(77)。

さらにこの体色変化は、仲間同士のコミュニケーションや、役割の違いを示すのにも使われているらしいのです。同じ種類のメス同士が出会ったときだけ、彼女たちの全身に鹿の模様のような独特のパターンが浮き上がります(78)。「貴女、アタイがいることわかってんの？」とでもいう意味でしょうか。

あるいはオス同士が出会ったとき、すぐにどちらかが逃げていきます。地位の違いがあるらしいのです。そして地位が高いのか、強いのだかわからないけど、逃げずに残ったほうは全身で独特の色変化を示します。威嚇のためだとされています(79)。

コウイカは学習する

こんなふうにとても面白いコウイカですが、よく考えると、凄い能力です。まず自分が今いる場所の色合い、砂地とか、岩場であるとか、変わった色合いをしているかだとか、一瞬に判断しなければなりません。近づいてくるのがオスかメスか別種の生き物か、オス同士の場合、自分よりエライ奴かそうでないか、そんな判断も必要です。そして判断したらすぐ、全身の皮膚の色、というより模様を変えなければなりません。とても優れた情報処理能力を持っているはずです。

最近、その機能をコンピュータシミュレーションで表現する研究が発表されましたが、その結論の一つとして、コウイカの脳、神経系と皮膚との間には、未知の極めて速い情報伝達システムが存在することが挙げられています(80)。コウイカの研究は情報工学にも何らかのヒントをもたらすかもしれません。

哺乳類で、体重の割には脳が重い動物として、人間、イルカ、チンパンジーなどがいます。海の生き物ではタコの脳が大きいことが知られていますが、コウイカはタコより、体重に対する脳の重さが大きいのです(81)。

コウイカは、脳が大きいだけに、知能は高いようです。マウスなどの学習能力を試す「迷路実験」(いくつかの分かれ道やドアがあり、目印の場所にエサがある。スタート地点を変えて、何度かくりかえすと、記憶能力、学習能力がある動物の場合、どこからスタートしても学んだ目印に向かうという実験)をしたところ、コウイカは学習能力があることがわかりました[82]。

コロコロと体色を変えるカメレオン

からだの色が変わる生き物としては、カメレオンが最も有名でしょう。態度がころころ変わったり、芸術家で作風がいろいろ変わったりするとき、「カメレオンのような奴」と呼ばれたりします。

そんなカメレオンのからだの色の変化の仕組みがわかったのは、わりと最近で二〇一五年のことです。カメレオンの皮膚の中に、グアニンという物質の小さな結晶が規則正しく並んでいて、その間隔が変化してさまざまな色が現れるのです[83]。

似た原理で、多様な色が見えるのが、タマムシなどの昆虫やネオンテトラのような魚に見られる金属光沢です。どちらも薄い膜が規則正しく重なり合っていて、その間隔によって、ある特定の色が反射され、赤や緑や青に光って見えます。

たとえばシャボン玉はいろんな色に変わります。あるいは水たまりの上の油膜、これも虹色に見えます。太陽の光には虹の七色が含まれています。それが透明な薄い膜にあたると膜の厚さに応じた特定の色が反射されるのです。

カメレオンの場合、皮膚の中でその結晶の間隔が変わるので、さまざまな色に変化することができるのです。カメレオンの体色変化は、やっと色の仕組みがわかったばかりなので、それを制御する仕組みが解明されるのはこれからです。

これらの研究を手がけた研究者たちは、カメレオンが体色を変化させる理由は、周りと同じ色になって目立たなくするカモフラージュや、オスがメスを誘惑するとき、あるいはライバルがいてとにかく目立ちたいときには黄色、白、赤になる傾向にあり、リラックスしているときは緑、青系の色になると考えています。一方、日差しが強い乾燥地帯にいるカメレオンの場合は、体温調整のために近赤外線を反射して暑さからのがれているのではないかとも研究者は考えています。

9 人間の皮膚を再考する

これまで述べてきたように、たいていの陸上の生き物は、からだから水が失われるのを防ぐ機能を持っています。少し触れたように、人間と一部の動物を除いて、たいていの哺乳類は全身を毛で、鳥は羽毛で覆っているし、昆虫は硬い殻で、トカゲやヘビなどの爬虫類の多くは鱗で全身を覆っています。

ところが、体毛のない人間が、身体から水が失われることを防いだり、外部からの危険な異物、たとえば細菌などの侵入を防いでいるのは、数マイクロメートルの厚さしかない膜、最初に述べた角層です。角層は、死んだ細胞が重なり合った膜で、一ミリの数十分の一の厚さしかなく、同じ厚さのプラスチック膜と同じぐらい水を通しません。人間の場合、新しく分裂したケラチノサイトが死んで角層になるまでが約二週間。角層がやがて垢になるまでが二週間。ケラチノサイトはだいたい一ヶ月ごとに新しくなっています。

角層そのものは、他の生物、哺乳類や鳥類、たとえばサンショウウオ、イモリ、カエルのような両生類、爬虫類にもあります。しかし、彼らの場合、両生類を除いて、角層は、鱗や羽毛や体毛に覆われています。先ほど述べたように、鱗や羽毛や体毛も「防御機能」に貢献しています。そう考えると、人間の皮膚はいかにも頼りなさそうです。体毛を残していたほうが安心だったのではないかとも思います。

しかし、私は、人間の皮膚の研究を進めるうちに、あえて体毛をなくした代わりに獲得したものが、次第に見えてきたような気がしています(次章で詳述)。まだ研究は、「ひょっとしたらそうかな?」というレベルですが、人間の表皮には途方もない機能があり、それは体毛をなくすというリスクを冒しても余りある恩恵をもたらしたのではないかと、私はそう考えています。

これから、人間の皮膚の構造と機能の仕組みについて、この一〇年ほどの間に、次々に見えてきた新しい発見について紹介していきましょう。

表皮は五感を持っている

私は大学では物理化学を専攻していたのですが、就職した化粧品会社で、皮膚の研究をすることになりました。皮膚については何も知りませんでした。それどころか生物学の専門教育も受けていないので困りました。幸い、当時はバブルの時代で、会社にもお金があったのでしょう。海外の行きたい大学へ二年間留学できる制度がありました。

化粧品メーカーにとって大切な皮膚の科学は皮膚の表面、表皮と、そしてなにより角層の研究でしょう。たいていの大学医学部皮膚科の研究室では、最初に書いたように、皮膚の病気の研究が中心です。ところがカリフォルニア大学サンフランシスコ校のイライアス(Peter Elias)教授の研究室では、角層のバリア機能について最先端の研究がなされていました。私は迷わず、イライアス研究室を留学先に選びました。

サンフランシスコに留学して学んだ技術の一つは、ダメージを受けた角層機能が、自然に修復される経過を評価することでした。

帰国して化粧品会社の研究員に戻ってから、ダメージを受けた角層の修復を速くする方法を探し始めました。すると、電場[84]、適切な温度[85]、可視光[86]、音波[87]にいたるまでがバリア回復機能に作用することを発見しました。このことは、すなわち表皮を構成する細胞、ケラチノサイトに、そういう刺激を感知する機能があるということです。

そうなると、ケラチノサイト自身が持っている「感覚」に興味が出てきて、培養皿にまいたケラチノサイトがどんな刺激に対して応答するか、若い優秀な同僚たちと調べ始めました。

神経細胞は「興奮」すると、細胞の中のカルシウムイオンの濃度が高くなります。細胞の中のカルシウムイオン濃度が高くなると蛍光を発する化学物質を使って、ケラチノサイトを突いたらやはり光って見えました。すなわち細胞の中のカルシウムイオン濃度が高くなることがわかりました[88]。つまりケラチノサイトも興奮するのです。

そのあと、水圧をかけたり気圧を変えたり培養液の温度を下げたり上げたりしても[91]、その都度、ケラチノサイトは興奮しました[89]。つまり、そのケラチノサイトで構築された表皮は、温度、突かれたり押されたり触られたりした圧力、気圧、可視光、音波、電場、思いつく限りたいていの物理的刺激で興奮すると考えられます[90]。

神経細胞が興奮するときには、たとえば眼の網膜では、光や色を感じるとき、光の強弱、赤、緑、青の三原色、それぞれに対し作動するスイッチ、受容体があります。もしかしたら、と思って皮膚を調べたら、網膜で光の強弱や色を識別する受容体がすべて表皮ケラチノサイトにもあることがわかりました[92]。

温度についても、熱い温度、温かい温度、涼しい温度、冷たい温度、それぞれで作動する受容体が神経細胞にもあるのですが、ケラチノサイトにも一揃えありました[93]。

音波が表皮に作用するメカニズムはまだわかっていないのですが、作用することは確かです。音は空気の密度変化の波です。気圧の変化に応答するケラチノサイトが音を識別できるのは不思議ではありません。つまり、表皮は、触覚(温度の感知も含む)、視覚、聴覚を持っているのです。

匂いも味も識別する皮膚

では五感の残り二つ、嗅覚と味覚はどうでしょう。

嗅覚は匂い、香りのもとの分子を識別する感覚。味覚は甘い、辛い、塩辛い、苦い、酸っぱい、旨いを感じさせる分子が、やはりそれぞれの受容体を作動させる感覚。つまり化学的な刺激に対する応答です。嗅覚の受容体、それは人間なら鼻の中にあるわけですが、たくさん見つけられていて、二〇〇四年のノーベル賞の対象にもなりました。そして、数年前から、それらのあるものが、やはりケラチノサイトに見つかっています。

味覚については、舌の味覚受容体はいくつか知られていますが、それがケラチノサイトにあるのかどうかは、私の知る範囲では、まだ確認されていません。ただ、酸っぱい、つまり酸性条件で作動する受容体、辛い、具体的にはトウガラシの成分ですが、これが作動させる受容体はケラチノサイトにあります(94)。日本人が発見した「旨味」、これはグルタミン酸などのアミノ酸で作動する受容体でしょうが、それもケラチノサイトにあります(95)。甘味の受容体がケラチノサイトにあるかどうかはわかりませんが、果糖(フルクトース)など一部の甘い分子がケラチノサイトに作用することを私たちは確認しています(96)。

ケラチノサイトには五感が備わっているのです。

刺激に反応する本体は？

私たちは二〇〇七年に、触れる刺激、温度変化、酸やトウガラシなどの刺激成分が皮膚に接触したとき、まずケラチノサイトが感知し、その情報が神経に伝わるという仮説をドイツの皮膚科学雑誌で発表しました[97]。

その後、つぎつぎに、私たちの仮説をネズミを使って海外の研究者たちが証明してくれました。まず、酸とトウガラシ、詳しく言うとトウガラシの辛味成分はカプサイシンといいます。これらが作動させる受容体はＴＲＰＶ１といいます。神経にもケラチノサイトにもあります。この受容体を発見した研究者が、神経にはＴＲＰＶ１があるが、ケラチノサイトにはＴＲＰＶ１がない遺伝子改変マウスを作りました。そして、そのマウスと普通のマウスの足の裏にカプサイシンを塗りました。普通のマウスは「あちちち」と、しきりに足の裏を舐めました。しかし、ケラチノサイトにＴＲＰＶ１がないマウスは、特に変わった様子を示しませんでした[98]。

だから私たちが皮膚に酸やトウガラシを塗られてピリピリする、それは最初にケラチノサイトが感じているのです。

さらに最近、皮膚の触覚、表皮の表面に「圧力が作用する」のを感じることですが、これも遺伝子改変マウスの実験で、押されたケラチノサイトがまず興奮し、神経を作動させる物質を出して「感じる」ことが証明されました[99]。

皮膚感覚は、これまで表皮の下に来ている神経終末、そして表皮の中に入り込んでいる細い神経線維によって担われていると考えられてきました。さまざまな実験で、振動や、圧力で、それらの神経系が作動することが証明されています。私もそれを否定するわけではありません。ただ私たちの主張は、触覚を担っているのは、それらの神経終末だけではなく、ケラチノサイトも貢献しているのだ、ということです。

痒みという感覚はなぜ起こる

皮膚感覚についての問題に、痒みがあります。そして痒みには二種類あります。じんましんのようにヒスタミンという物質で起こされる痒みと、そうではない痒み。後者には、たとえばアトピー性皮膚炎の痒みなどが含まれます。ただし、そのメカニズムがわからないので、まだその効果的な治療法もありません。

かつて、健康な人の表皮の中には神経線維が少ない、しかしアトピー性皮膚炎患者の表皮にはたくさん神経線維がある、それが痒みの原因だ、という報告がいくつかありました。ただ、それらは採取した皮膚を薄くスライスして観察した結果であって、神経線維の三次元構造はわかりません。そこで、私たちは二光子レーザー顕微鏡という表皮内部の三次元構造を観察できる顕微鏡で、健康な人の表皮、アトピー性皮膚炎患者の表皮を比較観察してみました。

意外なことに表皮の中の神経線維の密度は、健康な人のほうが高かったのです。三次元の画像が得られるので、皮膚表面から観察し、断面からも観察しました。結果は同じでした[100]。だから、アトピー性皮膚炎の痒みは表皮の神経線維の密度とは関係ないと考えられます。健康な人より、神経線維の密度が低いのですから。

痒みには表皮が関与している、という示唆は半世紀以上前からありました。軽い火傷で表皮が剝がれてしまうことがあります。その部分では、たとえば痒み起因物質であるヒスタミンを塗っても、痛みは感じるが、痒みは感じないのです。ですから痒みのメカニズムを論ずる場合、表皮の関与、より具体的には表皮を構築するケラチノサイトの関与を顧慮せざるを得ないと私は考えます[101][102]。

私たちの研究論文が刊行される前に、海外の研究者によって、遺伝子改変マウスを使って、アトピー性皮膚炎患者の痒みのメカニズムが提案されました。そこで痒みの原因になるのが、ケラチノサイト。アレルギーを起こすことがあるタンパク質分解酵素が、まずケラチノサイトを興奮させる。興奮したケラチノサイトは神経を刺激する物質を放出して、それが痒みを引き起こすというのです[103]。これなら、私たちの観察結果とも矛盾しません。

アトピー性皮膚炎患者の痒みでも主役はケラチノサイトのようです。

皮膚の情報処理能力

バリア機能回復を速くする方法の探索の中でもう一つ、発見がありました。脳の情報処理システムは、それを構築する神経細胞の「興奮」と「抑制」と呼ばれる二つの電気的状態が基礎です。細胞は正常時には細胞膜の内側がマイナスの電位になっています。「興奮」は前にも述べましたが、細胞内のカルシウムイオンやナトリウムイオンなどのプラスの電荷を持ったイオンの濃度が高くなって、内側の電位が消えることです。そのままだと細胞が死んでしまうので、マイナスの電荷を持つ塩化物イオンが流入して、元に戻ります。これが「抑制」です。アドレナリンやニコチンは脳の神経細胞を「興奮」させ、たとえば睡眠導入剤、抗不安薬に使われるトランキライザーは「抑制」を誘導する働きがあります。大脳ではさまざまな物質が細胞を興奮させたり抑制させたりします。

そこで大事な役割を担っているのが、それらの物質に対する受容体、言い換えれば、それらの物質によって「興奮」か「抑制」のスイッチを作動させる分子装置です。アドレナリン、ニコチンの受容体を作動させると神経は興奮します。最近、「気分が落ち着くチョコ」などに入っているGABA(ガンマアミノ酪酸)と呼ばれる物質や、自然な眠りをもたらす製品に配合されているグリシンの受容体などは作動すると「抑制」が誘導されます。

この中で「抑制」をもたらすGABAやグリシンを皮膚に塗るとバリア機能回復が速くなり、ニコチンやアドレナリン受容体作動物質では回復が遅れました。[104][105][106]

それなら、ケラチノサイトにも、ニコチンやらグリシンの受容体があるかどうか調べたところ、大脳や神経系で情報処理を行っている受容体のほとんどがケラチノサイトにも存在していて、ケラチノサイトを「興奮」させたり「抑制」させたりすることがわかりました。つまり脳の神経細胞も、表皮のケラチノサイトも同じ情報処理のための分子装置、受容体を持っているのです。言い換えれば、脳の細胞もケラチノサイトも細胞一つを比べると、あまり違いはないのです。

これらのケラチノサイトの受容体が、バリア機能以外の何かの役割を担っているのかどうかは、まだわかっていません。ただ、ある神経科学者の研究で、指先に、いろんな形のものを押し付けると、その形によって、異なる神経応答が前腕の神経で観察されました。つまり尖ったもの、丸いもの、三角のもの、四角のものに指が触れると、指先と腕の神経の間のどこかで、その形を識別する情報処理がなされているということです。[107]

私は、その情報処理も表皮で行われていると想像しています。形を識別すること、難しく言うと空間的な情報を獲得すること、これが指先から腕の神経の間でできうるのは表皮だけだからです。培養皿にまいたケラチノサイトですら「興奮」を誘導する刺激を与えると、さまざまなパターンが現れて動いて消えます[108]。実際の表皮でも、外からの刺激に応じてパターンが形成され、それが神経に伝えられているのではないかと想像されます。

表皮は、いわば五感の感覚器と、脳の情報処理システムを併せ持っている可能性がありま す。

◆表皮と脳

表皮には、脳の情報処理のプロセスである「興奮」「抑制」をつかさどる受容体が存在し、かつ、それら受容体を作動させる情報伝達物質の多くを産生する能力もあります。さらには脳が合成し身体を調節するホルモン類の多くも表皮は合成できます。前にも述べましたが、細胞レベルでは脳の細胞とケラチノサイトとの間に大きな違いはありません。

表皮と脳の違いは、それぞれを構成する細胞のつながり方です。

脳は細胞同士がいくつものシナプスで結ばれた複雑な構造から成り立っています。一方、表皮はいくつかの情報伝達物質、およびギャップ結合という細胞同士のつながりで構築された、脳に比べれば簡単な構造です。

人間は表皮と脳という二つの情報感知・情報処理装置を持っていると私は考えています。環境の変化を即座に把握し、瞬時に応答するための表皮。つまり、何かが起きた場合、その瞬間の対応をするのが表皮です。ある瞬間の世界があり、その瞬間に限りなく早く対処しなければならない状況がある。つまり、その瞬間の世界に対する行動が要求される。それに対応する情報システムが表皮なのです。

表皮の中では情報が区別されます。瞬時の応答、せいぜい脊髄とのやりとりで処理する情報。もう一つは脳に送られ、無意識も含めた記憶となって、生存のための長期的戦略を練るための情報。ある期間の中で得られた情報を丁寧に取捨選択し、未来に向けて戦略を練ることは、人間のように個体の生存期間が長い動物には有効です。そこでは触覚だけではなく、視覚や聴覚、嗅覚や味覚の情報も蓄えられ、過去の経験から未来への展望がなされます。腐ったものを食べた。おなかをこわした。これからは腐ったものは食べないようにしよう、という記憶と学習、そのあとの対応を選ぶことです。

つまり脳は、その時々の環境変化に対応するのではなく、蓄積された情報から現実の時間、空間を離れて、作戦を立てる情報処理装置だと言えます。

一方で「表皮感覚」を捨てる戦略もあります。昆虫など、全身を殻で覆われた生き物の場合です。昆虫は、たとえばハチやアリのように精密な巣・建造物を造ったり、複雑な社会性を持っていたりします。中米にいるハキリアリは木の葉っぱを小さくしたものを巣に持ち帰ってキノコの一種を栽培する「農業」まで行っています。しかし彼らの脳の細胞の数は一〇万からせいぜい一〇〇万個。人間は一五〇〇億個。ネズミでも一億個。知性は脳の大きさで決まるような錯覚がありますが、ネズミの一〇〇分の一の脳細胞で社会性秩序を維持し、農業を営むことができるのです。

四億年前に出現した昆虫の現在の繁栄ぶり、その種類の多さを考えると、表皮感覚を捨てて、小さい脳で生きていくという戦略は、むしろ成功したと言えるでしょう。

逆に、人間のように表皮をむき出しにし、大きな脳を持つ、という戦略には問題がありま す。まず、身体の防御がおろそかになります。そして大きな脳はエネルギーの消費が大きいのです。また破損や故障も多いでしょう。脳のトラブルで苦しむ人たちの多さを考えると、大きな脳の維持には危険が伴うことが予想されます。

そのためでしょう。現生人類は一種類だけです。数万年前までいた亜種もいなくなりました。昆虫の種類の多さを考えると、人間が選んだ戦略は、あやういバランスの上に成り立っていると考えられます。今の人類の身体構造以外のかたちがあり得ないのかもしれません。

10 家を出た人間

ここでさまざまな動物と人間の皮膚の違いを思い出してみましょう。魚類、両生類、爬虫類、鳥類、哺乳類、すべて表皮があって、それを構成するのは、性質に違いがあるかもしれませんがケラチノサイトです。私たちの研究と海外のマウスを使った研究を比べる限り、人間とマウスのケラチノサイトにはさほどの違いはないようです。

もっと原始的な動物、クラゲやイソギンチャクはからだの表面に感覚受容体を持っていて、それに連なるネット状の神経系を持っています。彼らにとって環境の情報は皮膚感覚が大半だと考えられます。おそらくケラチノサイトの原型は彼らのからだの表面の細胞でしょう。

それが進化して、からだの表面が、鱗や羽毛や体毛で覆われたとき、ケラチノサイトが持っている五感、そして情報処理システムは無用になったでしょう。

なぜ体毛を失ったか

では、なぜ人間は進化の過程で体毛を失ったのでしょうか。私は、五感と情報処理機能を持つ表皮を、環境にさらすことが、生き残ることに役立ったためだと考えています。

現在、信じられている進化の仕組みは、まず、偶然、遺伝子の変化が起き、たとえば人類の祖先の中で体毛の薄いものが生まれる。それが生存に不利な変化だと、体毛が薄い先祖は滅ぶ。しかし、体毛が薄くなること、表皮が環境にさらされることが、体毛が濃いものより生き残りに有利だった場合、その個体は生き残り子孫を作り、さらに体毛が薄いものが増えていく、そう考えられます。

私たちの祖先で立って歩き出したのはアウストラロピテクスという御先祖様で、全身は体毛に覆われ、脳の大きさはチンパンジーと変わりませんでした。体毛がなくなったのは一二〇万年前だと考えられています。そして、その頃から脳が大きくなってくるのです。

ここで、高機能の表皮を持った動物を思い出してみましょう。全身の表皮に電気レーダーを持っている魚エレファントノーズフィッシュ。全身の表皮でさまざまなディスプレイを行うコウイカ。どちらも大きな脳を持っています。つまり高機能の表皮を持つと大きな脳が要るのです。

人類の場合、体毛をなくし、表皮を環境にさらすことで、さまざまな情報が全身を覆う表皮からもたらされます。噴火、落雷、地滑り、倒木、肉食獣の襲撃など、私たちの先祖はさまざまな危険に囲まれていたでしょう。そういう危険情報を目や耳で察知し、危険を避けるより、表皮で感知して逃げるほうが速かった、効果的だったのではないでしょうか。たとえば熱いものに触れてしまった場合、反射的に手をひっこめますが、それは「熱い」情報が脊髄に達し、そこで瞬間的に手を引っ込める指示がなされます。脳に「熱いんですけど、どうしましょう?」とお伺いを立てていたら火傷してしまいます。

前に述べたさまざまな危険には音波、電場、光などの現象が付随します。それを耳や目が感知する前に、表皮が感知し、より速い対応ができたので、体毛の薄い先祖は生き延びる確率が高かったのではないでしょうか。そして表皮からもたらされる膨大な情報を有効に活用するために大きな脳が必要になったと考えられます(109)。

人間はなぜ人間なのか

それでも人間はホモ・サピエンス一種だけで、世界中で繁殖し、環境を変え、人口はまだまだ増えそうです。前に話したように、リスクも抱えた身体でなぜ、ここまで繁栄しているのでしょうか。私はそれも、表皮と脳という二つの情報感知・処理機構の連携プレイのためだと考えています。

私が培養皿で使うケラチノサイトの細胞は直径が約一〇マイクロメートルで、その断面積は七八・五平方マイクロメートルです。人間の体表面積を一・五平方メートルとすれば、人間の全身を覆うケラチノサイトの数は、一層で約二〇〇億、人間の表皮の場合、薄い部分でも数層あることから、少なくとも一〇〇〇億個以上はあるでしょう。脳の神経細胞数と同じレベルです。その一つ一つが温度や圧力や電磁波などの物理現象、化学刺激のセンサーを複数持っていて、情報処理装置であり、かつ、身体や脳に指示を出す能力があることを考えると、表皮からもたらされる環境情報は膨大な量になるでしょう。

眼は可視光と呼ばれる三六〇～八三〇ナノメートルの波長を持つ光しか感知しませんが、表皮はそれより短い波長の紫外線、長い波長の赤外線にも応答します。また耳はせいぜい二万ヘルツまでの音しか聞くことができませんが、表皮はもっと高い音、いわゆる超音波まで感知していると考えられます。前に述べたように、気圧などの他、磁場、電子の分布などにも応答していて、たとえば宇宙から降りそそぐ素粒子、宇宙線も感知している可能性があります。素粒子は電磁場の変化をもたらす場合が多いからです。

それらの感知された情報は意識されないものが多いです。言い換えれば知覚されません。しかし脳の無意識の記憶領域に、環境から、宇宙からの情報が蓄積されていると私は考えています。

人間の能力で、不思議なのが数学です。そして、もっぱら数学を表現方法にしている物理学です。数学を駆使すると、それまで誰も知らない、見たことがない現象が予言されます。

相対性理論が予言した重力によって光が曲がること、その究極のブラックホールの存在などが、その後の実験科学的方法で確認されました。中間子、ヒッグス粒子などの素粒子の発見もそうです。まず数学的な方法によって予言され、後になって確認されたのです。

私は、こういう人間の能力が表皮と脳の連携で実現されたと考えています。

表皮、それを構築するケラチノサイトのさまざまな感覚が明らかになってきたのは今世紀になってからです。これからも新たな表皮-ケラチノサイト感覚が見出されるでしょう。ただし、それはその瞬間ごとの情報であって、クラゲなどはその情報だけで数億年以上生き続けています。

人間には大きな脳があります。それは表皮感覚が体毛の喪失で多様な機能を持つようになってから、大きくなり始めました。しかし瞬時の情報処理は、表皮とせいぜい脊髄でなされ、脳にもたらされた情報のあるものが記憶として脳に保存されます。

そのときから、その情報は個体が生きている時間、空間から自由になるのです。私は人間の大きな脳の重要な機能は、そこで自由に編集された仮説を創成することだと考えています。仮説はやがて現実の世界と照合され、食い違いがあれば修正されます。

言語を獲得した人間は、個体が獲得した情報、そこから得られた仮説を個体の世代を超えて継承できます。科学は、そんな情報と仮説を言わば煉瓦にして築きあげられた巨大で、かつ成長を続ける構造物だと考えられます。

ホモ・サピエンスの選択

数万年前までユーラシア大陸には少なくとも三種の人類の亜種がいました。ヨーロッパから中央アジアに住んでいたネアンデルタール人、西シベリアの洞窟で発見されたデニソワ人、そして私たちの先祖のホモ・サピエンスです。それらは互いに交雑していたらしいのです。なんらかの交渉はあったのでしょう。しかし、その中でホモ・サピエンスの亜種であるホモ・サピエンス・サピエンスだけが生き残りました。その理由についてマックス・プランク研究所とミシガン大学の研究者が最近新しい説を発表しています[110]。

この三種の中でホモ・サピエンスだけが、generalist（いろんなことに挑戦する人）であり、同時にspecialist（何かを極めた専門家）を志向する能力、性格を持っていたからだ、という説です。

その証拠として、ネアンデルタール人やデニソワ人は、限定された地域でしか生活した跡がありません。一方で、ホモ・サピエンスは海を渡ってオーストラリアに六万五〇〇〇年前に到達し、あるいは北の果て、ベーリング海峡を経て、アメリカ大陸まで広がっています。さらにはイヌイットのような極寒地に住む人、高山や砂漠に住む人たちがいて、それぞれの環境に適した道具や住居を作っています。

それに際しては、行く果てに何があるのかわからない海や砂漠を越え、氷原の向こうにあるかもしれない何かを求めて、ホモ・サピエンスは移動を続けました。あえて命の危険を顧みず挑戦する能力、さらに生きるのに困難な地でも、その土地で生きるための知恵を極める能力がホモ・サピエンスにはあったというわけです。

まずまず食っていける環境にいれば、そこにとどまり、報酬が見込めない困難に立ち向かうことはありません。しかし報酬が保証されていなくても、新しい世界、未だ見たことがない経験したことがない何か、それがあると、それに飽くことなく挑戦し続ける気質がホモ・サピエンスにはあったというのです。

そこにも未知への冒険があったでしょう。有毒な植物、キノコ、あるいはフグのような魚、それらと、無害なもの、フグの場合は有毒な部分を除去する作業をしてまで、食料にしてきました。今現在の「有害」「無害」の知識の一覧を作るまでに、どれだけの命が失われたことでしょう。

金沢の珍味にフグの卵巣の糠漬けがあります。フグの中でも最も毒性が強い卵巣を二年以上糠に漬け込み無毒化したものです。試食しましたが、カズノコさえ苦手な偏食の私には特に「美味しい」ものではありませんでした。そんなものをなぜ作ったのか。明らかに命にかかわるものでも、なんとかして食べられるようにならないか、という一心で、おそらく多数の犠牲者を出しながら、確立された食品だと想像しています。

「危険だ」「不可能だ」と言われると、あえてそれに立ち向かう性質が現生人類にはあります。衣食住には困らなくなった先進国では、スポーツや囲碁、将棋などのゲームでトップを競っています。優れた芸術家も科学者も、そんな人類の天性の意識にかられて、より野心的に美しい作品を創造しようと、ときに実生活を無視して励みます。また宇宙の果てや物質の根源たる素粒子の仕組みを寝る暇も惜しんで明らかにしようとします。

現生人類は、そのような性格を有していたため、ときに命と引き換えにその生活圏を拡大してきました。そのため、原因は定かではないがネアンデルタール人、デニソワ人が滅んでも、ホモ・サピエンスは生き残ったというのが、その論文の結論です。

自閉症スペクトラム障害とホモ・サピエンス

前述の論文では現生人類(ホモ・サピエンス)と他の二種との間の遺伝子の相違については述べていません。しかし、これについても気になる論文があります。イギリスのヨーク大学の研究者の論文です。[11]

「自閉症スペクトラム障害」と呼ばれる精神疾患、あるいは精神の傾向があります。その定義はさまざまで、学術論文だけでも膨大で、原因についても諸説あります。またこの障害はたいてい知能の発達にも遅れがあるのですが、その中で知能、言語に障害がない、かつてアスペルガー症候群と呼ばれたものも含まれます。これもその定義には学術的な論文から俗説まで、あまりにも多く、この分野の素人である私は、ここでは、この論文の著者たちの定義に従って話を進めたいと思います。

この論文によれば、自閉症スペクトラム障害とは、よく言われる社会性の欠如ではありません。そうではなくて「他の人がそういう意見だから自分の意見もそうである」という志向ではなく、自身独自の法則に従う傾向であるというのです。言い換えれば付和雷同しない性格なのです。

その証拠にその障害の傾向があり、かつ知能や言語に障害がない人には、数学者、物理学者、科学技術者、法律家が多いと著者たちは述べています。どれも付和雷同し、「空気を読む」ことに右顧左眄《うこさべん》していては、やっていけない職業です。

この論文の著者たちは、知的障害がない自閉症スペクトラム障害の遺伝子が全人口の一～二％、人類の歴史の中で常に維持されてきており、それはその遺伝子がもたらす人間の性格が人類の進化に重要だったからだと考えています。

つねにその場の空気を読んで、多数決ではかならず多数者にくっついていく。そういう性格の人間も社会性の維持には必要でしょう。ただ、新しい道具、新しい生活方法を生み出すこと。誰も知らなかった世界の仕組みを発見すること。そのようなイノベーションのためには、他人の意見に左右されない「変わり者」が必要なのだ、と著者たちは主張しています。

私がこの論文で衝撃的だったのは、自閉症スペクトラム障害に関わるとされているいくつかの遺伝子がネアンデルタール人の遺伝子に存在しない、という記述でした。

ここで、前に話したホモ・サピエンスが生き残った理由と、その遺伝子的背景が、ぴったり重なったと感じました。大勢の仲間がいて、なんとか生きていけるなら、それでいい。みんなと違うことを言って嫌われたくない。そういう祖先は、危険を冒して砂漠や海を越えたりしなかったでしょう。新しい道具を作ることもなかったでしょう。さらには宇宙の起源や素粒子について探求することもない。食べるものも食べず、自分が美しいと思う芸術作品を創造することもなかったでしょう。

そうではなく、あえて見返りも保証されない困難に挑戦する気質を持った少数者の遺伝子を維持し続けた結果が、現在のホモ・サピエンスの繁栄なのだと論文の著者たちは結論づけています。

ここからは私の意見ですが、現生人類（ホモ・サピエンス）の脳の特異性を自閉症スペクトラム障害関連遺伝子だけで説明するのは無理があると考えます。それより大切なことは、そのような社会のなかの少数者を多数の力で排除せず、受け入れ、認めることだと思います。「この海の向こうに豊かな緑の大陸があるに違いない。そこへ行こう！」と一人だけが言っても無理です。「よし、一緒に行こう」と言う仲間がいなければ、広い海を渡ることはできません。企業が国家が人類が、さらなる可能性を広げ発展するためには、少数者を排除しない、多様性を認めることが大事なことは間違いないと考えます。

アメリカ西海岸のサンフランシスコという街で二年間、研究員として過ごせたことは幸せでした。研究室には中国、台湾、韓国、インド、シリア、ケニア、ドイツ、フランス、イギリス、イタリア、アイスランド……覚えているだけで、それだけの国籍の研究員がいました。イライアス教授はユダヤ人で秘書の女性がパレスチナ人でした。アメリカ人の友人によれば、その頃（一九九〇年代半ば）、サンフランシスコ市民の四人に一人がゲイ、一〇人に一人がHIV陽性だったそうです。これはサンフランシスコという街が、そういう多様な人々を迎え入れていたためで、滞在中、私は国籍の違いが日本の出身県の違いぐらいにしか感じられませんでした。

スティーブ・ジョブズ、ビル・ゲイツ、マーク・ザッカーバーグという起業家が、何らかの形で西海岸に関わりを持っているのは偶然ではないでしょう。またサンフランシスコ湾の対岸にあるカリフォルニア大学バークレー校出身のノーベル賞受賞者は三〇人を超えています。アメリカという国の底力の源は多様性の許容だと私は考えています。

ネアンデルタール人の皮膚

さて、脳について現生人類とネアンデルタール人との比較を試みました。ここで皮膚についても考えてみましょう。

ネアンデルタール人の遺伝子解析、そして現生人類との比較は少しずつ進んでいるようです。二〇一〇年、その中間結果というべき論文がマックス・プランク研究所の研究者と世界中の研究者との共同作業として発表されました[112]。

現生人類に比べると、ネアンデルタール人の遺伝子は地域によるばらつきが大きいです。この論文では、ネアンデルタール人ではばらつきがあるが、現生人類では共通になっている八〇近くの遺伝子のリストが掲載されています。言い換えれば現生人類はみんな持っているが、ネアンデルタール人ではそうではない遺伝子です。これを眺めていると、いくつかおもしろいことが見つかりました。

たとえば Repetin とか keratin 16 という遺伝子がリストにありました。これらは、それぞれ表皮の構造を丈夫にする、あるいは、その遺伝子に異常があると角層のバリア機能に異常が起きる遺伝子です[113][114]。これについて考えるとネアンデルタール人の表皮は現生人類の表皮よりもろかった可能性があります。

人類の祖先が体毛をなくしたのは一二〇万年前だと述べました。ネアンデルタール人が現れたのは四〇万年前ですから、彼らも体毛は少なかったはずです。しかし現生人類でもアジアのモンゴロイドは体毛が薄く、ヨーロッパの白色人種は体毛が濃いです。ヨーロッパから中央アジアに住んでいたネアンデルタール人も体毛が濃かった可能性があります。体毛や皮膚の色は、それぞれの人種が生きている環境で決まります。

前にも述べたように、類人猿と言われるゴリラやチンパンジーの地肌は白いです。彼らは体毛があるから紫外線量が多いアフリカでも白い皮膚でかまいません。しかし体毛がなく白い皮膚でアフリカのような強い紫外線の地域にいると、たちまち皮膚がんなどを起こしてしまいます。だから体毛をなくした段階で私たちの先祖の皮膚は黒かったはずです。皮膚を黒くするのはメラノサイトという細胞が黒い物質メラニンを作るためです。実は、このメラニンを作る遺伝子が確立されたのが一二〇万年前だったので、その時期に体毛をなくしたと判断されたのです。

この話はすでに述べましたが、くりかえします。高緯度のヨーロッパ北部に行くと日照量は少なく、紫外線も少ないです。紫外線も少しは必要で、骨を作るのに必要なビタミンDは紫外線を浴びた表皮で作られます。だから緯度が高い地方の人は皮膚の色が白い。正確に言えば、透き通るように白いです。寒くて乾燥した冬には体毛が濃いほうがいいでしょう。モンゴロイドは多湿で寒冷な地域を経て広がったので、体毛があると凍傷になるから体毛が少ない、という説がありましたが、モンゴロイドにもさまざまな種族が世界中にいるので、これは何とも言えません。

ネアンデルタール人の話に戻れば、彼らの皮膚は白く、そして現生人類よりもろかった。だから体毛は濃かったのではないかと、私は想像しています。もう一つ、現生人類にあってネアンデルタール人ではばらつきがある遺伝子にOR2AT4という、白檀の匂いに応答するタンパク質、嗅覚受容体を作る遺伝子があります。このタンパク質は、二〇一四年、表皮ケラチノサイトにも存在し、それを活性化すると傷の治りが速くなることが発見されました。(115)それ以降も嗅覚受容体がいくつか表皮に見つかっています。(116)

一方、前に述べた現生人類にしかないリストの中に四つの異なる嗅覚受容体があって、これらもひょっとすると表皮にあるのかもしれません。

くりかえしですが、ケラチノサイトには五感があります。それはクラゲの頃からあったのかもしれませんが、ネアンデルタール人の遺伝子との比較で、ケラチノサイトの強度が増したり、ケラチノサイトに嗅覚受容体が出現したりすることから、現生人類はネアンデルタール人より高機能の表皮を持っていると言えるかもしれません。

体毛を失って得たもの

ここで最初の疑問に戻ることにしましょう。

なぜ人間だけが、宇宙の果てや、未知の素粒子の存在について知ることができるのでしょうか。現生人類ホモ・サピエンスは、親戚筋の(先祖ではない)ネアンデルタール人にはない、さまざまなことに興味を持ち、命がけでそれを探求する脳を持っています。前の論文に沿えば、そういう脳を持った一群のメンバーがいることになります。一方で環境からの膨大な情報を感知する表皮を持っています。

人類の大きな脳は、体毛をなくしたことによって、表皮からもたらされる情報を処理するためだと述べました。それと似た例として皮膚をディスプレイにしたコウイカ、エレファントノーズフィッシュを紹介しました。しかし人間の皮膚にはディスプレイ能力もレーダー機能もありません。

私は、人間の大きな脳の役割は、その中に、今、自分がいる時空間とは無関係な仮想空間とでもいうべき領域を作りだすことにあるのではないかと考えています。

自我意識が生まれるのもそこでしょう。意識はフィクションです。五感からもたらされた情報を統合し、自分という存在を創っているのです。そのことにより人間は過去から学び、未来への展望が可能になります。たとえば前にも述べましたが、昨日の自分は、飲みすぎた。今の自分は二日酔いで気分が悪い。明日からは深酒は避けよう、というようなことです。ここでは異なる時空点にいる自分が同一の自分であるという前提で結びつけられています。そのことによって経験を未来に活かすことができるのです。

さらに一部の人間は、自分をとりまく世界の不思議に惹きつけられ、自己の生存をも後回しにして、それを探求する傾向があります。その人間の仮想空間では、現実の時間も空間も無視され、自由な時間の流れと空間のなかで、さまざまなシミュレーションが行われていると考えられます。

シミュレーションを行うにしても、宇宙や素粒子、そのほか森羅万象の情報がある程度、現実世界からもたらされなければなりません。そこでは五感が役割を担っているのですが、私は、そのなかでも表皮がもたらす膨大な情報の寄与が大きいと考えています。

以下、すでに述べましたが、まとめてみます。眼は「可視光」と呼ばれる、ある領域の電磁波を感知します。耳はある周波数領域の空気の濃淡波、つまり音を感知します。鼻と舌は一群の分子を識別します。

一方で、表皮は可視光のみならず紫外線から赤外線まで感知できます。音については耳の限界、二万ヘルツを超えた超音波まで感知できます。分子の識別についても、これからそのリストが増えていくでしょう。表皮はさらに大気圧を感じ[90]、酸素濃度を感知し[117]、地球の磁場程度の弱い磁気も感知し[118]、電場にも応答します[84]。

表皮内部での情報処理の過程では、トンネル現象のような量子力学的な現象も起きているので、素粒子に関する情報も感知できると考えられます[119]。地表に降り注ぐ宇宙線に含まれる未知の素粒子、あるいは重力波など、最近やっと物理学者が存在を確認し始めた物理現象も表皮が感知している可能性もあります。

そのような膨大な情報が表皮内で、瞬時に対処すべき情報と、脳に送るべき情報に区別されます。脳に送られる情報のほとんどは無意識の領域に蓄積されると予想できますが、それは、前に話した脳の仮想空間とつながっているでしょう。

脳の仮想空間の中で、それらの情報は現実の時空間から自由になって、さまざまなシミュレーションが行われます。その結果は実験科学者がもたらす現実の現象や、過去の学説と照合され、矛盾点があれば、意識は再び仮想空間に戻り、その矛盾を解決する仮想空間内の実験を始めるでしょう。

私は芸術も、その創造の過程は科学と同じだと考えています。優れた科学者が仮想空間で自然科学現象のシミュレーションを行うのと同様に、優れた芸術家は「美しいもの」「人間すべてに感動を与える何か」を作り出そうとします。そこで世間の評判や流行、批評家の眼や金儲けに意識が向かうと、ろくなものは生まれません。時間と地域を超えて尊敬される芸術は、現実の時空間とは切り離された場所で、その芸術家個人が心を動かされた意識的、あるいは無意識の記憶から創造されるのです。多くの芸術家が創作の際、「意識」を排除すると語っています。私に言わせれば「仮想空間」の中で自由に創作することを意味していると思います。

「家を出た」人類

この本の最初で話した「家」のことを思い出してみましょう。コウイカは家の屋根や壁をディスプレイに、エレファントノーズフィッシュはレーダーにしました。

そして人間は、家を出たのです。

人間は、本来、自分の身体を守るためのものだった表皮から体毛をなくし、あえて外界にさらし、世界を、宇宙を知る装置に変えました。いわば、皮膚を世界に宇宙に向けて解放したと言えます。

そして人間は、飽くなき探求心に満ち、宇宙のシミュレーションが可能な脳を持ち、事実上、自分の身体を離れて世界の果てを目指して歩き出したのです。

これまで私は、何度も人間の皮膚の特異性に触れ、その特異な皮膚が人間を作ったと主張してきました。そして、変転すさまじい現代社会で、個人を確立するきっかけは皮膚感覚だとも述べてきました。その考えに変わりはありません。しかし、その個人が個人としての尊厳を持って、しかし個人の枠にはとらわれず、広い世界へ歩き出した、その歴史にも皮膚が関わってきたと言いたいのです。

その歩みは、必ずしも繁栄だけをもたらすわけではありませんでした。たとえば量子力学の成果によって、電子工学は劇的な進歩をとげましたが、一方では人間を全滅させられる核兵器ももたらしました。科学技術の発展は、一部の人間に豊かで便利な生活をもたらしたかもしれませんが、未だに飢餓に瀕した数億の人間がいます。あるいは、環境汚染のように技術の思わぬ副産物が人間をおびやかすことも起きています。

さらに私は、ぬくぬくとした「家」に戻ろうとする流れも感じています。科学研究は予測可能な利益を得るためのものに、より多くの投資がなされるようになってきたように感じます。私自身、使ってしまった「空気を読む」という言葉は、本当の発見、進歩をもたらしうる少数者を排除するための嫌な言葉です。

インターネットのような情報技術の革新は、少数者の意見を世界に広めたり、あるいは労せずして世界中の情報を獲得できる点で、私は肯定します。しかし、現在の技術でコミュニケーションをとれるのは視聴覚情報だけなので、それだけですべてを判断する危険性もあるでしょう。それではまるでアリやハチのような節足動物です。彼らは確かに繁栄しています。しかし彼らの社会に創造のよろこびはありません。

体毛が少ない人間にとって、皮膚を通じてのコミュニケーション、いわゆるスキンシップも、その社会の維持や、他人とのつながりに大きな役割を持っていると考えています。まだ、言語を持たなかった時代には、仲間同士のコミュニケーションは、たとえば身振り手振りが有効な手段だったと想像されますが、それ以上に仲間との信頼関係を確認するために肌を触れ合うことが重要だったと想像します。今でも握手やハグが挨拶なのは、その名残でしょう。

私は人間を肯定したいと思います。現在に至った進化の過程も貴重なものだと考えます。それだからこそ、いわば皮膚ともいえる家を出て果ての見えない世界へ歩みだした遠い昔の祖先の心を大事にしたいと思います。

謝　辞

本書の編集にあたり、草稿を綿密に検討し、構成や表現などに適切で具体的なアドヴァイスをいただいた岩波書店の吉田宇一様、そして岩波書店の方々に感謝申し上げます。また Gopinathan Menon 博士には、さまざまな文献など御教示いただき感謝しております。貴重な写真を提供していただきました公益財団法人 横浜市緑の協会野毛山動物園、多摩動物公園の方々にも感謝申し上げます。また、株式会社資生堂で私の皮膚の研究を支えてくださった方々、国立研究開発法人 科学技術振興機構の方々にも厚く御礼申し上げます。

110 Roberts P. et al.(2018). *Nature Human Behaviour* 2: 542–550
111 Spikins P. et al.(2016). *Time and Mind* 9: 289–313
112 Green RE. et al.(2010). *Science* 328: 710–722
113 Huber M. et al.(2005). *J Invest Dermatol* 124: 998–1007
114 Paladini RD. et al.(1996). *J Cell Biol.* 132: 381–397
115 Busse D. et al.(2014). *J Invest Dermatol* 134: 2823–2832
116 Tsai T. et al.(2017). *Exp Dermatol* 26: 58–65
117 Boutin AT. et al.(2008). *Cell* 133: 223–234
118 Lisi A. et al.(2006). *Electromagn Biol Med* 25: 269–280
119 Cha Y. et al.(1989). *Science* 243: 1325–1330

81 Packard A.(1972). *Biological Reviews* 47: 241–307
82 Alves C. et al.(2007). *Anim Cogn.* 10: 29–36
83 Teyssier J. et al.(2015). *Nat Commun.* 6: 6368
84 Denda M. et al.(2002). *J Invest Dermatol* 118: 65–72
85 Denda M. et al.(2007). *J Invest Dermatol* 127: 654–659
86 Denda M. et al.(2008). *J Invest Dermatol* 128: 1335–1336
87 Denda M. et al.(2010). *Br J Dermatol* 162: 503–507
88 Tsutsumi M. et al.(2009). *Cell Tissue Res* 338: 99–106
89 Goto M. et al.(2010). *J Cell Physiol* 224: 229–233
90 Ikeyama K. et al.(2013). *Skin Res Tech* 19: 346–351
91 Tsutsumi M. et al.(2010). *J Invest Dermatol* 130: 1945–1948
92 Tsutsumi M. et al.(2009). *Exp Dermatol* 18: 567–570
93 Denda M. et al.(2011). *Advances in Experimental Medicine and Biology* 704: 847–860
94 Denda M. et al.(2001). *Biochem Biophys Res Commun* 285: 1250–1252
95 Fuziwara S. et al.(2003). *J Invest Dermato*l 120: 1023–1029
96 Denda M.(2011). *Exp Dermatol* 20: 943–944
97 Denda M. et al.(2007). *Exp Dermatol* 16: 157–161
98 Pang Z. et al.(2015). *Pain* 156: 656–665
99 Moehring F. et al.(2018). *eLife* 7: e31684
100 Tsutsumi M. et al.(2016). *Br J Dermatol* 174: 191–194
101 Arthur RP. et al.(1959). *J Invest Dermatol* 32: 397–411
102 Shelley WB. et al.(1957). *AMA Arch Derm* 76: 296–323
103 Wilson SR. et al.(2013). *Cell* 155: 285–295
104 Denda M. et al.(2002). *J Invest Dermatol* 119: 1041–1047
105 Denda M. et al.(2003). *J Invest Dermatol* 121: 362–367
106 Denda M. et al.(2003). *J Invest Dermatol* 121: 142–148
107 Pruszynski JA. et al.(2014). *Nat Neurosci* 17: 1404–1409
108 Denda M. et al.(2014). *Journal of Acupuncture and Meridian Studies* 7: 92–94
109 Denda M. et al.(2018). *Anthropology* 6: 1000199

50 McDonald RE. et al.(2009). *PLoS ONE* 4: e5726
51 Stern K. et al.(1998). *Nature* 392: 177–179
52 Martins AF. et al.(2018). *Nature Communication* 9: 3865
53 Lillywhite HB. et al.(1987). *J Zool Lond* 211: 727–734
54 Menon G. et al.(2000). *Amer Zool* 40: 540–552
55 Elias PM. et al.(1987). *Am J Anat* 180: 161–177
56 Weir KA. et al.(2004). *J Zool Lond* 264: 259–266
57 Stahel CD. et al.(1982). *J Comp Physiol* 148: 93–100
58 Valerio PF. et al.(1992). *J Exp Biol* 164: 135–151
59 Murray HM.(2003). *J Morph* 257: 78–86
60 Hutchison VH. et al.(1976). *Respiration Physiology* 27: 115–129
61 Eller BM. et al.(1986). *S. Afr. J. Bot.* 52: 403–407
62 Wen L. et al.(2014). *J Exp Biol* 217: 1656–1666
63 Fletcher T. et al.(2014). *Proc. R. Soc. B* 281: 20140703
64 von der Emde G. et al.(2002). *J Physiol(Paris)* 96: 431–444
65 Caputi AA. et al.(1998). *J Exp Biol* 201: 2115–2128
66 von der Emde G. et al.(1998). *Nature* 395: 890–894
67 Nilsson GE.(1996). *J Exp Biol* 199: 603–607
68 Schulze W. et al.(1990). *Oecologia* 82: 427–429
69 Markin VS. et al.(2008). *Plant Signaling & Behavior* 3: 778–783
70 Volkov AG. et al.(2008). *Plant Sci* 175: 642–649
71 Heard SB.(1998). *Am Midi Nat* 139: 79–89
72 Bauer U. et al.(2009). *Annals Botany* 103: 1219–1226
73 Gaume L. et al.(2009). *Annals Botany* 104: 1281–1291
74 Wardill TJ. et al.(2012). *Proc. R. Soc. B* 279: 4243–4252
75 Yu C. et al.(2014). *Proc Nat Acad Sci* 111: 12998–13003
76 Deravi LF. et al.(2014). *J R Soc Interface* 11: 20130942
77 Chiao CC. et al.(2015). *J Comp Physiol A Neuroethol Sens Neural Behav Physiol.* 201: 933–945
78 Palmer ME. et al.(2006). *Anim Cogn.* 9: 151–155
79 Schnell AK. et al.(2016). *Behav Ecol Sociobiol* 70: 1643–1655
80 Reiter S. et al.(2018). *Nature* 562: 361–366

21　Tu MC. et al.(2002). *J Exp Biol* 205: 3019–3030
22　Alibardi L.(2006). *Acta Histochemica* 108: 149–162
23　Qu Q. et al.(2015). *Nature* 526: 108–111
24　Pausas JG.(2015). *Functional Ecology* 29: 315–327
25　Kramer EM. et al.(1997). *Phys Rev Lett* 78: 1303
26　Dale H. et al.(2014). *Annals Botany* 114: 629–641, 広田ほか(1998). 情報処理学会論文誌 39: 3027–3034
27　Sasakura Y. et al.(2016). *Proceedings of the Royal Society B* 283: 20161712
28　Lange OL. et al.(1979). *Oecologia* 40: 357–363
29　de la Torre R. et al.(2010). *Icarus* 208: 735–748
30　Brandt A. et al.(2016). *Orig Life Evol Biosph* 46: 311–321
31　Elias PM.(2007). *Semin Immunopathol* 29: 3–14
32　Luck CP. et al.(1964). *Quarterly J Exp Physiol Cognate Med Sci* 49: 1–14
33　Saikawa Y. et al.(2004). *Nature* 429: 363
34　Rajchard J.(2010). *Vet Medicina* 55: 413–421
35　Menon GK. et al.(2014). *Exp Dermatol* 23: 288–290
36　Du WX. et al.(2011). *J Food Sci* 76: M149–M155
37　Toor RK. et al.(2005). *Food Res Int* 38: 487–494
38　Jang M. et al.(1997). *Science* 275: 218–220
39　Hudson TS. et al.(2007). *Cancer Res* 67: 8396–8405
40　Fleet GH.(2003). *Int J Food Microbiol* 86: 11–22
41　Sen T. et al.(2015). *Adv Biochem Eng Biotechnol.* 147: 59–110
42　Kumamoto J. et al.(2016). *Arch Dermatol Res* 308: 49–54
43　Lynch SJ. et al.(2016). *Pediatrics* 138: e20160443
44　Nakatsuji T. et al.(2017). *Sci Transl Med* 9: eaah4680
45　Lax S. et al.(2014). *Science* 345: 1048–1052
46　Buffington SA.(2016). *Cell* 165: 1762–1775
47　Arima M. et al.(2005). *J Dermatol* 32: 160–168
48　Denda S. et al.(2012). *Exp Dermatol* 21: 535–537
49　Nakatsuji T. et al.(2018). *Sci Adv* 4: eaao4502

参考文献

『皮膚は考える』傳田光洋著，岩波科学ライブラリー(2005)

『皮膚感覚と人間のこころ』傳田光洋著，新潮社(2013)

『生物の進化　大図鑑』マイケル・J・ベントンほか監修，小畠郁生日本語版監修，河出書房新社(2010)

『The Genus Lithops』島田保彦著，同文書院(2001)

1 Bargel H. et al.(2005). *Journal of Experimental Botany* 56: 1049–1060

2 Naitoh Y. et al.(1969). *Science* 164: 963–965, Nakaoka Y. et al.(1987). *J Exp Biol* 127: 95–103

3 Gruber P. et al.(2010). *Design and Nature V* 138: 503–513

4 Denda M. et al.(2000). *Am J Physiol* 278: R367–R372

5 Tsutsumi M. et al.(2007). *Br J Dermatol* 157: 776–779

6 Rogers AR.(2004). *Curr Anthropol* 45: 105–108

7 Dodd MS. et al.(2017). *Nature* 543: 60–64

8 Bobrovskiy I. et al.(2018). *Science* 361: 1246–1249

9 den Hollander L. et al.(2016). *Acta Derm Venereol* 96: 303–308

10 Elias PM., Feingold KR.(2006). *Skin Barrier*, Taylor & Francis

11 Elias PM. et al.(1987). *Am J Anat* 180: 161–177

12 Stewart ME. et al.(1991). *Adv Lipid Res* 24: 263–301

13 Greaves M.(2014). *Proc. R. Soc. B* 281: 20132955

14 Jablomski NG.(2000). *J Hum Evol* 39: 57–106, Elias PM. et al.(2013). *J Hum Evol* 64: 687–692

15 Daly TJM. et al.(1998). *J Anat* 193: 495–502

16 Niedźwiedzki G. et al.(2010). *Nature* 463: 43–48

17 Blaylock LA. et al.(1976). *Copeia* 2: 283–295

18 McClanahan LL. et al.(1976). *Copeia* 1976: 179–185

19 Tsutsui S.(2012). *Nippon Suisan Gakkaishi* 78: 677–680

20 Bleckmann H. et al.(2009). *Integrative Zoology* 4: 13–25

傳田光洋
1960年神戸生まれ．1985年京都大学大学院工学研究科分子工学専攻修士課程修了．京都大学工学博士．1993-96年カリフォルニア大学サンフランシスコ校研究員．2009年から資生堂グローバルイノベーションセンター主幹研究員．2010年から科学技術振興機構CREST研究員を兼任．著書に『皮膚は考える』(岩波科学ライブラリー，中国版も出版)，『皮膚感覚と人間のこころ』(新潮選書)，『驚きの皮膚』(講談社)ほか．

岩波　科学ライブラリー　285
皮膚はすごい――生き物たちの驚くべき進化

2019年6月5日　第1刷発行
2020年9月15日　第3刷発行

著　者　傳田光洋《でんだみつひろ》

発行者　岡本　厚

発行所　株式会社　岩波書店
〒101-8002　東京都千代田区一ツ橋2-5-5
電話案内　03-5210-4000
https://www.iwanami.co.jp/

印刷・理想社　カバー・半七印刷　製本・中永製本

ISBN 978-4-00-029685-4　　Printed in Japan

●岩波科学ライブラリー〈既刊書〉

260
真鍋 真
深読み！ 絵本『せいめいのれきし』
カラー版 本体一五〇〇円

半世紀以上にわたって読み継がれてきた名作絵本『せいめいのれきし』。改訂版を監修した恐竜博士が、長い長い命のリレーのお芝居の見どころを解説します。隅ずみにまで描き込まれたしかけなど、楽しい情報が満載です。

261
窪薗晴夫 編
オノマトペの謎
ピカチュウからモフモフまで
本体一五〇〇円

日本語を豊かにしている擬音語や擬態語。スクスクとクスクスはどうして意味が違うの？ 外国語にもオノマトペはあるの？ モフモフはどうやって生まれたの？ 八つの素朴な疑問に答えながら、その魅力に迫ります。

262
千葉 聡
歌うカタツムリ
進化とらせんの物語
本体一六〇〇円

地味でパッとしないカタツムリだが、生物進化の研究においては欠くべからざる華だった。偶然と必然、連続と不連続……。行きつ戻りつしながらもじりじりと前進していく研究の営みと、カタツムリの進化を重ねた壮大な歴史絵巻。

263
徳田雄洋
必勝法の数学
本体一二〇〇円

将棋や囲碁で人間のチャンピオンがコンピュータに敗れる時代となってしまった。前世紀、必勝法にとりつかれた人々がはじめた研究をたどりながら、必勝法の原理とその数理科学・経済学・情報科学への影響を解説する。

264
上村佳孝
昆虫の交尾は、味わい深い…。
本体一三〇〇円

ワインの栓を抜くように、鯛焼きを鋳型で焼くように――⁉ 昆虫の交尾は、奇想天外・摩訶不思議。その謎に魅せられた研究者が、徹底した観察と実験で真実を解き明かしてゆく、サイエンス・エンタメノンフィクション！［袋とじ付］

265
山内一也
はしかの脅威と驚異
本体一二〇〇円

はしかは、かつてはありふれた病気で軽くみられがちだ。しかしエイズ同様、免疫力を低下させ、脳の難病を起こす恐ろしいウイルスなのだ。一方、はしかを利用した癌治療も注目されている。知られざるはしかの話題が満載。

266
鎌田浩毅
日本の地下で何が起きているのか
本体一四〇〇円

日本の地盤は千年ぶりの「大地変動の時代」に入った。内陸の直下型地震や火山噴火は数十年続き、二〇三五年には「西日本大震災」が迫る。市民の目線で本当に必要なことを、伝える技術を総動員して紹介。命を守る行動を説く。

267
小澤祥司
うつも肥満も腸内細菌に訊け！
本体一三〇〇円

腸内細菌の新たな働きが、つぎつぎと明らかにされている。つくり出した物質が神経やホルモンをとおして脳にも作用し、さまざまな病気や、食欲、感情や精神にまで関与する。あなたの不調も腸内細菌の乱れが原因かもしれない。

268
小山真人
ドローンで迫る　伊豆半島の衝突
カラー版　本体一七〇〇円

美しくダイナミックな地形・地質を約百点のドローン撮影写真で紹介。中心となるのは、伊豆半島と本州の衝突が進行し、富士山・伊豆東部火山群・箱根山・伊豆大島などの火山活動も活発な地域である。

269
諏訪兼位
岩石はどうしてできたか
本体一四〇〇円

泥臭いと言われつつ岩石にのめり込んで70年の著者とともにたどる岩石学の歴史。岩石の源は水かマグマか、この論争から出発し、やがて地球史や生物進化の解明に大きな役割を果たし、月の探査に活躍するまでを描く。

定価は表示価格に消費税が加算されます。二〇二〇年八月現在

●岩波科学ライブラリー〈既刊書〉

270
岩波書店編集部編
広辞苑を3倍楽しむ　その2
カラー版　本体一五〇〇円

各界で活躍する著者たちが広辞苑から選んだ言葉を話のタネに、科学にまつわるエッセイと美しい写真で描きだすサイエンス・ワールド。第七版で新しく加わった旬な言葉についての書下ろしも加えて、厳選の50連発。

271
廣瀬雅代、稲垣佑典、深谷肇一
サンプリングって何だろう
統計を使って全体を知る方法
本体一二〇〇円

ビッグデータといえども、扱うデータはあくまでも全体の一部だ。その一部のデータからなぜ全体がわかるのか。データの偏りは避けられるのか。統計学のキホンの「キ」であるサンプリングについて徹底的にわかりやすく解説する。

272
虫明　元
学ぶ脳
ぼんやりにこそ意味がある
本体一二〇〇円

ぼんやりしている時に脳はなぜ活発に活動するのか？　脳ではいくつものネットワークが状況に応じて切り替わりながら活動している。ぼんやりしている時、ネットワークが再構成され、ひらめきが生まれる。脳の流儀で学べ！

273
イアン・スチュアート　訳 川辺治之
無限
本体一五〇〇円

取り扱いを誤ると、とんでもないパラドックスに陥ってしまう無限を、数学者はどう扱うのか。正しそうでもあり間違ってもいそうな9つの例を考えながら、算数レベルから解析学・幾何学・集合論まで、無限の本質に迫る。

274
松沢哲郎
分かちあう心の進化
本体一八〇〇円

今あるような人の心が生まれた道すじを知るために、チンパンジー、ボノボに始まり、ゴリラ、オランウータン、霊長類、哺乳類……と比較の輪を広げていこう。そこから見えてきた言語や芸術の本質、暴力の起源、そして愛とは。

275 **時をあやつる遺伝子**
松本 顕
本体一三〇〇円

生命にそなわる体内時計のしくみの解明。ショウジョウバエを用いたこの研究は、分子行動遺伝学の劇的な成果の一つだ。次々と新たな技を繰り出し一番乗りを争う研究者たち。ノーベル賞に至る研究レースを参戦者の一人がたどる。

276 **「おしどり夫婦」ではない鳥たち**
濱尾章二
本体一二〇〇円

厳しい自然の中では、より多く子を残す性質が進化する。一見、不思議に見える不倫や浮気、子殺し、雌雄の産み分けも、日々奮闘する鳥たちの真の姿なのだ。利己的な興味深い生態をわかりやすく解き明かす。

277 **ガロアの論文を読んでみた**
金 重明
本体一五〇〇円

決闘の前夜、ガロアが手にしていた第1論文。方程式の背後に群の構造を見出したこの論文は、まさに時代を超越するものだった。簡潔で省略の多いその記述の行間を補いつつ、高校数学をベースにじっくりと読み解く。

278 **嗅覚はどう進化してきたか**
生き物たちの匂い世界
新村芳人
本体一四〇〇円

人間は四〇〇種類の嗅覚受容体で何万種類もの匂いをかぎ分けるが、そのしくみはどうなっているのか。環境に応じて、ある感覚を豊かにし、ある感覚を失うことで、種ごとに独自の感覚世界をもつにいたる進化の道すじ。

279 **科学者の社会的責任**
藤垣裕子
本体一三〇〇円

驚異的に発展し社会に浸透する科学の影響はいまや誰にも正確にはわからない。科学技術に関する意思決定と科学者の社会的責任の新しいあり方を、過去の事例をふまえるとともにEUの昨今の取り組みを参考にして考える。

定価は表示価格に消費税が加算されます。二〇二〇年八月現在